DELIUS KLASING

manitou

Rob van der Plas

MOUNTAINBIKE WARTUNG

PFLEGE UND INSTANDHALTUNG

Delius Klasing Verlag

Die amerikanische Originalausgabe erschien unter dem Titel
»Mountain Bike Maintenance / How to Maintain and Repair Your Mountain Bike«
bei Cycle Publishing in San Francisco

Bibliografische Information der Deutschen Nationalbibliothek
Die Deutsche Nationalbibliothek verzeichnet diese Publikation
in der Deutschen Nationalbibliografie; detaillierte bibliografische
Daten sind im Internet über http://dnb.d-nb.de abrufbar.

6. Auflage
ISBN 978-3-7688-5338-5

Umschlagfotos: Daniel Simon (vorn), Neil van der Plas (hinten)
Umschlaggestaltung: Dagmar Dörpholz, München
Abbildungen: Neil van der Plas sowie Daniel Simon
(Seiten 8, 16, 28, 34, 54, 74, 84, 102, 120, 150, 156 und 162),
Udo Stünkel (Seiten 72 r. Mitte und r. u., 73 alle und 101)
Übersetzung und deutsche Bearbeitung: Udo Stünkel
Lektorat: Klaus Bartelt
Layout: Petra Wittler, scanlitho.teams
Lithografie: scanlitho.teams, Bielefeld
Druck und Bucheinband: DzA Druckerei zu Altenburg
Printed in Germany 2012

Vertrieb: Delius Klasing Verlag, Siekerwall 21, 33602 Bielefeld
Tel.: 0521/559-0; Fax: 0521 / 559-113
E-Mail: info@delius-klasing.de
www.delius-klasing.de

Inhalt

Einleitung

Das moderne Mountainbike ist ein hochentwickeltes Sportgerät. Seit seiner Erfindung vor etwas mehr als einem Vierteljahrhundert hat es eine noch kurze, aber sehr turbulente Entwicklung durchgemacht und gilt inzwischen als ausgereift. Doch wie bei allen technischen Dingen passiert es gelegentlich auch hier, dass Dinge verschleißen, sich lockern, sich verstellen oder manchmal auch zerbrechen.

Und daher benötigt das Mountainbike wie jedes Fahrrad einen gewissen Aufwand an Wartung und Reparaturarbeiten. Wartung ist die Arbeit, die das Problem möglichst erst gar nicht entstehen lässt, während Reparaturen durchgeführt werden müssen, nachdem etwas zu Bruch gegangen ist. Dieses Buch behandelt beides, doch der Schwerpunkt liegt auf Präventionsmaßnahmen – also der Wartung. Beim modernen Mountainbike handelt es sich bei vielen Komponenten wie Federungen und Bremsanlagen um im wahrsten Sinne des Wortes »geschlossene« Systeme, die vom Hobbyschrauber gar nicht mehr repariert werden können, sodass mögliche Instandsetzungen von Fachwerkstätten durchgeführt werden müssen.

Die Kapitel 1 und 2 behandeln allgemeine Wartungspunkte, während die anderen Kapitel auf spezielle Komponentengruppen und ihre Wartung eingehen.

Eine Warnung bezüglich der Fachausdrücke: Die Teile eines Fahrrades und die unterschiedlichen Werkzeuge können verschiedene Namen haben. Was für motorisierte Zweiradfahrer ein Lenkkopflager ist, kann für Finanzfachleute ein Steuersatz und für anglophile Vieltelefonierer ein Headset sein. Während der Techniker von der Zylinderkopfschraube mit Innensechskant spricht, gibt sich der Laie mit einer Inbusschraube zufrieden (oder gar mit einer Imbusschraube)!

Obwohl ich möglichst häufig eindeutige Schritt-für-Schritt-Anleitungen anbiete, muss natürlich bei jedem Fahrrad auf modellspezifische Eigenheiten geachtet werden. Trotz der vielen Dinge, die an allen Rädern und Komponenten gleich sind, unterscheiden diese sich oft sogar innerhalb des gleichen Fahrradtyps. Folglich müssen alle allgemeinen Informationen daraufhin überprüft werden, ob sie beim eigenen Rad zutreffen.

ROTWILD
FOX

1 Merkmale des Mountainbikes

Das Mountainbike hat sich in den letzten Jahren immer weiter entwickelt. Das durchschnittliche Mountainbike ist heute leichter, schneller und komfortabler als Spitzenmodelle vergangener Jahrzehnte, und selbst relativ preiswerte Maschinen können viel Freude bereiten.

Die offensichtlichsten Verbesserungen haben die Bremsen und die Federelemente erfahren. Heute sind viele Mountainbikes mit Scheibenbremsen ausgerüstet. Unter den verschiedenen Felgenbremsen ist besonders die V-Bremse noch sehr weit verbreitet – und auch sehr wirksam. Gleichzeitig sind Vorder- und Hinterradfederungen inzwischen so allgegenwärtig, dass es schwierig wird, ein Mountainbike zu finden, das nicht zumindest mit einer Federgabel ausgerüstet ist. Was aber auf moderne Mountainbikes mindestens genauso zutrifft, ist der Verlust an Leistungsfähigkeit bei mangelnder Wartung. Ein grundsätzlich großartiges, modernes Fahrrad erfordert sorgfältige Wartung und unverzügliche Reparaturen, falls etwas kaputt geht. Mithilfe dieses Buches kann diese Arbeit leicht und zufriedenstellend durchgeführt werden.

Bevor es an die tatsächlichen Wartungs- und Reparaturarbeiten geht, sollte man sich mit dem Fahrrad und seinen Komponenten vertraut machen. Man ist besser in der Lage, ein Problem zu beurteilen und zu beseitigen, wenn die verschiedenen Bauteile benannt werden können und wenn man weiß, wie sie funktionieren und wie sie zusammenarbeiten. Daher betrachten wir in diesem Kapitel erst einmal die verschiedenen Baugruppen, um ihre Funktion zu erklären.

Natürlich sind nicht alle Mountainbikes gleich aufgebaut, sodass es viele Komponenten auf dem Markt gibt, die sich von denen im Buch vorgestellten unterscheiden. Ich beziehe mich mit meinen Illustrationen und Anleitungen auf ein modernes »Standard«-Mountainbike der mittleren Preisklasse mit Vorderradfederung und

1.2 Ein typisches modernes »Hardtail« (Starrrahmen) mit Scheibenbremsen.

1.1 Bestandteile eines Moutainbikes.

V-Bremsen oder Scheibenbremsen. Aber auch Komponenten wie eine Hinterradfederung oder ältere Bremssysteme werden erwähnt, denn auch ein bereits 15 Jahre altes Fahrrad kann noch sehr gut sein, sodass es sich lohnt, einen solchen »Oldtimer« zu warten und zu reparieren.

Die meisten Fahrräder werden mit Bedienungsanleitungen für ihre verschiedenen Komponenten ausgeliefert, die zudem hilfreiche Informationen über die Handhabung und die Wartung liefern. Zu beachten ist, dass sich die Informationen in den Handbüchern oft nicht exakt auf die Komponenten des Rades beziehen, an dem die Bedienungsanleitung hängt. Manche Bauteile können mit Etiketten und/oder eigenen Anleitungen versehen sein, die zusammen mit der Bedienungsanleitung aufgehoben werden müssen, um mögliche Probleme später besser lösen zu können.

1.3 Ein vorn und hinten gefedertes Mountainbike (»Fully«) mit Scheibenbremsen.

Komponenten des Mountainbikes

Abbildung 1.1 zeigt ein typisches Mountainbike mit den Bezeichnungen für die verschiedenen Bestandteile. Um diese vielen Teile besser beschreiben zu können, unterteile ich sie in die folgenden Funktionsgruppen:

- Rahmen
- Laufräder
- Bremsen
- Antrieb
- Schaltung
- Lenkung
- Sattel mit Stütze
- Federung
- Zubehör

In den Kapiteln 3 bis 18 werden die verschiedenen Wartungs- und Reparaturarbeiten in etwa auf der Basis dieser Funktionsgruppen behandelt.

Der Rahmen

Zusammen mit der Vorderradgabel (und ggf. der Hinterradschwinge) bildet der Rahmen das Fahrwerk, sodass diese Teile als das »Rückgrat« des Fahrrades betrachtet werden können – also die Struktur, an die alle anderen Komponenten direkt oder indirekt montiert werden. Da die meisten Mountainbikes heute vorne gefedert sind, tragen sie eine Federgabel, und in manchen Fällen befinden sich am Heck Aufnahmen für die Hinterradfederung und ihren Stoßdämpfer. In Abbildung 1.4 ist ein ungefederter Metallrahmen in der typischen »Diamant«-Bauform gezeigt. Variationen ergeben sich dabei durch unterschiedlich

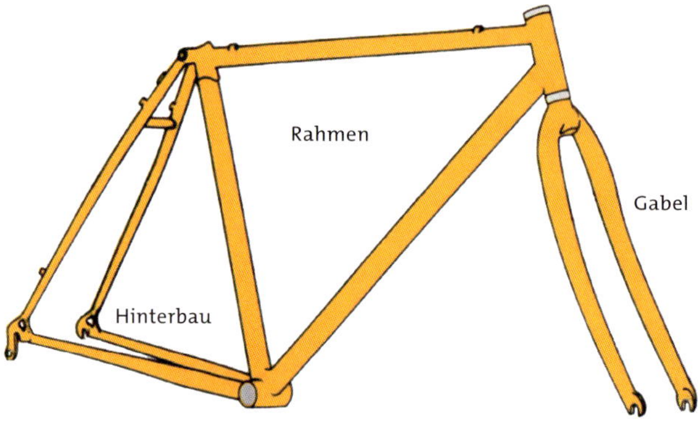

1.4 Das Fahrwerk eines ungefederten Fahrrades (Vorderradgabel).
1.5 Typisches Vorderrad (rechts).

geformte Rohre und abweichende Verbindungsstellen. Spezielle Rahmen aus Aluminiumprofilen oder Kohlefaser-Kunststoffen können völlig andere Formen haben.

Der vordere Bereich des Rahmens – Hauptrahmen genannt – ist eine trapezförmige Struktur aus relativ dicken Rohren, die Oberrohr, Sitzrohr, Unterrohr und Steuerrohr genannt werden (vgl. Abb. 15.1). Den hinteren Bereich des Rahmens bildet ein Dreieck aus paarweise angeordneten dünneren Rohren, die Sitzstreben und Kettenstreben heißen und sich an der Hinterradaufnahme treffen. Beim vollgefederten Rad bildet das hintere Dreieck einen Teil des Federsystems und kann stark von der gezeigten Form abweichen.

An diesen Rohren sind kleinere Teile geschweißt oder geschraubt, die zur Montage verschiedener Komponenten nötig sind: Die Ausfallenden nehmen das Hinterrad auf, die Hinterrad-Felgenbremse wird an einem angelöteten Sockel gelagert, die Sattelstütze muss geklemmt werden, und auch das Tretlager benötigt ein Gehäuse. Die Lager der Gabel sitzen im Steuerrohr. Der Rahmen ist gewöhnlich kein Kandidat für Wartungs- und Reparaturarbeiten, doch in Kapitel 15 ist alles beschrieben, was man darüber wissen muss.

Laufräder

Nach dem Rahmen sind die Laufräder die wichtigsten Teile des Fahrrades. Weil sie auch die störungsanfälligsten Bauteile sind, sind ihre verschiedenen Einzelheiten in den Kapiteln 3, 4, 5 und 6 beschrieben.

Wie in Abbildung 1.5 zu sehen ist, besteht ein Laufrad aus der Nabe, einem Geflecht aus Speichen, der Felge und den darauf aufgezogenen Gummi-Komponenten Reifen und Schlauch. Die Nabe läuft in Kugellagern und wird vorne in der Gabel und hinten in den Ausfallenden geführt. Die meisten Laufräder werden heute mit Schnellspannern gesichert, sie können aber auch mit Sechskant-Achsmuttern befestigt sein. Der im Reifen liegende Schlauch wird über ein innen aus der Felge ragendes Ventil aufgepumpt.

Bremsen

Alle Mountainbikes sind vorne und hinten mit handbetätigten Bremsen ausgerüstet. Obwohl Scheibenbremsen der letzte Schrei sind, werden viele Fahrräder immer noch mit Felgenbremsen verzögert. Bei beiden Methoden wird das Tempo dadurch abgebaut, dass ein Bremsbelag-Paar einen drehenden Metallring in die Zange nimmt – entweder die Felge direkt oder die an einer Seite der Nabe sitzende Bremsscheibe (Abb. 1.7). Fast alle Scheibenbremsen werden hydraulisch betätigt, wogegen fast alle Felgenbremsen per Bowdenzug aktiviert werden. Bei den Felgenbremsen hat sich unter verschiedenen Systemen die V-Bremse durchgesetzt (Abb. 1.6).

Die Bremsen selbst sind an der Gabel oder dem hinteren Rahmendreieck montiert. Aktiviert werden die Bremsen von am Lenker sitzenden Bremshebeln – rechts die Hinterradbremse, links die Vorderradbremse. Die Bremskraft wird je nach System über Bowdenzüge oder Hydraulikleitungen übertragen. Wartungs- und Reparaturarbeiten an Felgenbremsen sind in Kapitel 7 beschrieben, in Kapitel 8 finden sich entsprechende Hinweise zu Scheibenbremsen.

1.6 Bremshebel mit Bowdenzügen und einer V-Bremse.

1.7 Hydraulisch betätigte Scheibenbremse.

Schaltung

Kapitel 9 handelt vom (hinteren) Schaltwerk und dem (vorderen) Umwerfer sowie deren Bedienung. Mithilfe der durch die beiden Bauteile erreichten Übersetzungsänderungen kann die Leistungsfähigkeit und Trittfrequenz des Fahrers an den Untergrund angepasst werden. Das Schaltwerk hebt die Kette über die bis zu neun

1.8 Typische Antriebs- und Schaltungskomponenten eines Mountainbikes.
1.9 Mountainbike-Lenkung samt Gabel, Steuersatz, Vorbau und Lenker (rechts).

Ritzel des Zahnkranzes, während der Umwerfer sie auf eines der zumeist drei Kettenblätter an der Tretkurbel legt. Die Wahl eines größeren Kettenblatts oder eines kleineren Ritzels verlängert die Übersetzung, führt also zu einem »höheren« Gang, um schneller auf ebenem Untergrund fahren zu können. Beim »Herunterschalten« wird vorn ein kleineres Kettenblatt oder hinten ein größeres Ritzel gewählt, um beispielsweise einen Anstieg zu meistern. Die Anzahl der Gänge errechnet sich durch Multiplikation der Anzahl der Kettenblätter mit derjenigen der Ritzel des Zahnkranzes. Die häufig anzutreffenden 27 Gänge sind allerdings eher theoretisch zu betrachten, da einige Kombinationen zu gleichen Übersetzungen führen und eine »über Kreuz« laufende Kette (vorn und hinten auf den größten oder den kleinsten Rädern) vermieden werden sollte. Beide Schaltmechanismen werden von Hebeln am Lenker über Bowdenzüge betätigt.

Antrieb

Um die Kraft des Fahrers auf das Hinterrad zu übertragen, werden eine im Tretlager geführte Kurbelgarnitur samt Pedalen, Kettenblätter, eine Kette und die Ritzel samt Freilauf am Hinterrad benötigt. Streng genommen gehören auch die Schalt-Komponenten dazu. Die Kapitel 10 bis 12 behandeln die vorderen Bauteile des Antriebs – in Kapitel 10 ist der Kurbelsatz, in Kapitel 11 die Kette und in Kapitel 12 sind die Pedale beschrieben.

Lenkung

Die Lenkung ist ein äußerst wichtiger Punkt für das Handling und die Fahreigenschaften in Kurven und auf der Geraden, aber auch für die Balance des Fahrrades. Sie verbindet die Gabel, die das Vorderrad, den Vorbau und den daran sitzenden Lenker trägt, über den Steuersatz mit dem Steuerrohr. Wartungs- und Reparaturarbeiten an der Gabel, dem Lenker, dem Vor-

bau und dem Steuersatz sind in Kapitel 13 beschrieben, während die Federgabel in Kapitel 16 unter die Lupe genommen wird.

Sattel und Sattelstütze

Obwohl vielleicht der am wenigsten glamouröse Teil des Fahrrades, ist der Sattel sehr wichtig für den Komfort und die Kontrolle über das Rad. Er wird mit der Sattelstütze in der richtigen Höhe im Sitzrohr eingeklemmt. Die Klemme ist bei vielen Mountainbikes als Schnellspanner ausgeführt, damit die Höhe leicht verstellt werden kann. Die Komponenten sind in Kapitel 14 detailliert beschrieben.

Federung

Die meisten modernen Mountainbikes sind zumindest vorne mit Federsystemen ausgerüstet. Die Kapitel 16 und 17 behandeln die Federgabel bzw. die Hinterradfederung.

Zubehör

Obwohl in Abbildung 1.1 nichts zu sehen ist, gibt es für Mountainbikes ein riesiges Zubehörangebot. Ein Mountainbike, das im Gelände bewegt wird, sollte über möglichst wenige Beigaben verfügen. Zubehör wie Schlösser, Beleuchtung und Reflektoren, Fahrradcomputer, Gepäckträger und Schutzbleche werden in Kapitel 18 beschrieben.

1.10 Sattel mit Sattelstütze (oben).
1.11 Typische Federgabel (Mitte).
1.12 Typische Hinterradfederung (unten).

BLACK

2 Vorbeugende Wartung

Die beste Methode, Unfallrisiken und Reparaturen zu reduzieren, liegt in regelmäßigen vorbeugenden Wartungsarbeiten, die von der Reinigung über die Schmierung bis hin zur Einstellung von Komponenten reicht.

Wartungsplan

Ich rate zu einem dreiteiligen Plan, der aus einer raschen Kontrolle vor jeder Fahrt sowie umfangreicheren monatlichen und jährlichen Inspektionen besteht. So können kleine Probleme behoben werden, bevor sie sich zu großen Schäden auswachsen.

Genauso wichtig ist es, während der Fahrt aufmerksam zu sein und sich zu merken, was während der Tour aufgefallen ist, um mögliche Probleme bei erster Gelegenheit beseitigen zu können. Ist man beispielsweise versehentlich in ein tiefes Schlagloch gefahren, müssen der Reifen und die Felge danach genau überprüft und nötigenfalls repariert werden. Und wenn man während der Fahrt ratternde, quietschende oder schleifende Geräusche feststellt, muss später der Grund dafür herausgefunden und rasch beseitigt werden.

2.1 Halten Sie beim Aufpumpen des Reifens die Luftpumpe und das Ventil gerade.

Schließlich ist es auch noch wichtig, wo das Fahrrad bleibt, wenn es nicht gefahren wird. Ein Platz, wo es vor Regen und direktem Sonnenlicht geschützt ist und möglichst wenig Kontakt zu anderen Gegenständen hat, wirkt sich positiv auf seinen Erhaltungsstand aus. Falls das Rad nur im öffentlichen oder gut zugänglichen Raum abgestellt werden kann – ob vor dem Arbeitsplatz oder im Hof eines Mietshauses – muss darauf geachtet werden, dass es an festen Gegenständen angeschlossen wird.

Dies sollte mit einem durch die Laufräder und den Rahmen gesteckten Schloss geschehen. Wenn möglich, sollte auch eine gut sitzende und bis auf den Boden reichende Plane über das Rad gezogen werden.

2.2 *Funktionstest der Bremsen.*

Kontrollen vor der Fahrt

Falls das Fahrrad mehrmals am Tag benutzt wird, reicht es natürlich aus, die Kontrollen nur einmal durchzuführen, doch bei manchen Punkten ist generell empfehlenswert, sie wirklich regelmäßig zu prüfen.

Natürlich verändern sich Dinge über Nacht nicht dramatisch. Doch die gesammelten Einflüsse vieler Tage lassen sich am besten bei täglichen Kontrollen bewältigen. Wenn etwas zehn Tage benötigt, um sich abzuvibrieren, wird man wahrscheinlich nicht exakt wissen, wann es wieder befestigt werden muss – es sei denn, man kontrolliert es täglich.

Werkzeug und Ausrüstung

Normalerweise nichts, solange keine Reparaturen vorgenommen werden müssen.

Prozedur

1. Kontrollieren Sie die Schnellspanner der Laufräder und Bremsen, um sicherzugehen, dass sie geschlossen sind. Am besten geht dies, indem man sie lockert und wieder anzieht. Falls sie mit nur geringer Kraft angezogen werden können, sind sie zu locker eingestellt. In diesem Fall muss der Hebel in die »Offen«-Position gestellt und die Rändelmutter etwa eine Umdrehung angezogen werden, dann wird der Hebel wieder geschlossen und die Prozedur nötigenfalls wiederholt, bis er fest genug gesichert wird.
2. Prüfen Sie die Funktion der Bremsen – sie müssen die Laufräder zum Blockieren bringen, wenn die Hebel noch etwa 2 cm vom Lenkergriff entfernt sind. Hierzu zieht man den jeweiligen Bremshebel und versucht, das Fahrrad mit belastetem Lenker bzw. Sattel vorwärts zu schieben. Stellen Sie die Bremsen nötigenfalls ein (siehe Kapitel 7 oder 8).
3. Prüfen Sie die Ausrichtung und Festigkeit des Lenkers. Stellen Sie sich hierzu vor das Fahrrad und klemmen Sie das gerade ausgerichtete Vorderrad mit den Beinen ein. Prüfen Sie jetzt, ob der Lenker gerade steht und sich mit Kraft in irgendeine Richtung bewegen lässt. Stellen Sie den Lenker nötigenfalls ein und justieren Sie ihn (siehe Kapitel 13).
4. Wenn auch andere Menschen gelegentlich mit dem Rad fahren, muss überprüft werden, ob der Sattel korrekt ein-

gestellt und sicher geklemmt ist. Stellen Sie ihn nötigenfalls so ein, dass beim normalen Fahren die Knie gerade noch nicht durchgedrückt werden (siehe auch Kapitel 14).

5. Die Reifen müssen mit dem an ihren Flanken angegebenen Druck aufgepumpt sein. Prüfen Sie dies am Anfang mit einem Druckprüfer nach – später werden Sie von Hand feststellen können, ob der Druck zumindest halbwegs korrekt ist.
6. Prüfen Sie die Funktion der Gangschaltung, indem Sie bei angehobenem Hinterrad und mit drehenden Pedalen die Gänge einzeln durchschalten. Stellen Sie die Schaltung nötigenfalls ein (siehe Kapitel 9).
7. Drehen Sie die angehobenen Laufräder, um einen Seiten- oder Höhenschlag festzustellen (siehe Kapitel 5).
8. Drehen Sie bei angehobenem Hinterrad die Pedale, um sicherzugehen, dass der Antrieb sanft und korrekt funktioniert (siehe Kapitel 10–12).

2.3 Prüfung der Lenkung.

Monatliche Inspektionen

Diese Kontrollen sind bereits etwas umfangreicher und erfordern gewisse Arbeiten, um möglichen Verschleiß zu ermitteln. Die darin eingeschlossene Reinigung und Pflege ist nicht direkt für den tatsächlichen Einsatz des Fahrrades nötig, sondern schützt vor langfristigem Verschleiß. Während die Kontrollen vor jeder Fahrt noch an allen möglichen Orten stattfinden konnten, sollten diese Inspektionen möglichst in einer geeigneten Werkstatt durchgeführt werden.

Bei der Durchführung dieser oder anderer Inspektionen sollte immer ein Blick auf umliegende Bereiche geworfen werden, um lockere, gerissene oder anderweitig beschädigte Teile zu entdecken und sie umgehend reparieren zu können. Fragen Sie im Zweifelsfall im Fachgeschäft nach, ob Teile besser ersetzt oder repariert werden sollten.

Prozedur

1. Reinigung

Reinigen Sie das Fahrrad und behandeln Sie es mit Schutzmitteln (siehe Seiten 25 bis 27).

2. Schmieren

Schmieren Sie die folgenden Bauteile:

- Sprühen Sie die Kette mit speziellem Fahrrad-Kettenspray ein.
- Sprühen Sie die Brems- und Schalthebel sowie andere Gelenkpunkte und Bowdenzugnippel sorgsam und gezielt mit Sprühöl ein – verwenden Sie dazu das beigefügte Röhrchen. Wischen Sie anschließend überschüssiges Schmiermittel ab, damit kein Straßenschmutz daran haften bleibt.

3. Allgemeine Kontrolle

Folgen Sie den Hinweisen auf den Seiten 17, 18 und 19.

4. Radlager

Überprüfen Sie die Laufräder auf lockere Lager, indem Sie die Gabel oder den Rahmen halten und seitlich gegen das entsprechende Laufrad drücken – wenn es seitliches Spiel aufweist, müssen die Lager eingestellt werden (siehe Kapitel 6).

5. Felgen und Speichen

Begutachten Sie das jeweilige angehobene und in Drehung versetzte Laufrad auf Seiten- oder Höhenschläge sowie verbogene oder gebrochene Speichen. Sowohl das Zentrieren einer verzogenen Felge als auch der Umgang mit verboge-

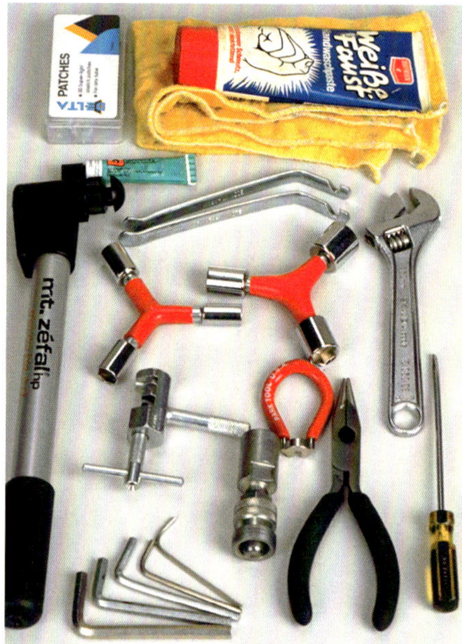

2.4 Eine Auswahl der einfachsten Werkzeuge zur Durchführung von Wartungsarbeiten zu Hause oder unterwegs (oben).
2.5 Kontrolle des Tretlagers (unten).

nen oder gebrochenen Speichen werden in Kapitel 5 erklärt.

6. Reifen und Schläuche

Kontrollieren Sie die Reifen auf Beschädigungen und abnormalen Verschleiß. Ersetzen Sie Reifen, die Ausbeulungen, Einschnitte oder übermäßig verschlissene Stellen aufweisen. Entfernen Sie eingedrungene Objekte und ersetzen Sie einen Schlauch, falls er innerhalb von 24 Stunden deutlich an Druck verliert. Prüfen Sie, ob das Ventil gerade steht und der Reifen rundherum gleichmäßig tief in der Felge sitzt. In Kapitel 4 finden sich alle relevanten Hinweise.

7. Bremsen

Prüfen Sie die Funktion der Bremsen (siehe Seiten 18 und 19) und kontrollieren Sie, ob die Bremsbeläge über ihre gesamte Länge und Breite an der Felge anliegen, wenn der Bremshebel bis in etwa 2 cm Abstand zum Lenker gezogen ist. Stellen Sie die Bremse ggf. ein (siehe Kapitel 7).

8. Tretkurbeln

Benutzen Sie je nach Ausführung der Tretkurbeln das entsprechende Werkzeug, um die Bolzen anzuziehen, mit denen die Kurbeln am Tretlager befestigt sind. Eventuell muss zuvor eine Kappe abgehebelt und später wieder aufgesteckt werden, um die Schraubengewinde zu schützen.

9. Zubehör-Kontrolle

Inspizieren Sie sowohl das montierte als auch das optional anbaubare Zubehör. Alles muss voll funktionsfähig sein und nötigenfalls repariert werden. Prüfen Sie die Festigkeit aller Befestigungsschrauben.

10. Endkontrolle

Prüfen Sie sorgfältig, ob alle Muttern und Schrauben vorhanden und fest angezogen sind. Kontrollieren Sie, ob nichts beschädigt ist, fehlt oder locker sitzt. Führen Sie alle notwendigen Reparaturen unverzüglich durch.

2.6 und 2.7 Zwei Möglichkeiten, am Fahrrad zu arbeiten – entweder mit dem Montageständer oder am auf dem Kopf stehenden Fahrrad. Die zweite Methode ist okay, wenn alle am Lenker montierten Teile gut geschützt oder entfernt wurden.

2.8 Schmierpunkte am Fahrrad.

Jährliche Inspektion

Hierbei handelt es sich tatsächlich fast um eine Komplett-Überholung, die nach einem Jahr intensiver Nutzung durchgeführt werden muss. Wer bei jedem Wetter und in staubiger oder schlammiger Umgebung fährt (also echtes Mountainbiking betreibt), sollte diese Punkte sogar alle sechs Monate durchführen.

Prozedur

1. **Vorarbeiten**
   Reinigen Sie das Fahrrad und führen Sie alle Punkte der täglichen und monatlichen Kontrollen durch.
2. **Sichtkontrolle**
   Schauen Sie sich das gesamte Fahrrad und alle Komponenten sorgfältig an, um Beschädigungen zu entdecken und zu reparieren oder reparieren zu lassen – beachten Sie dazu die entsprechenden Kapitel in diesem Buch.
3. **Laufräder**
   Kontrollieren Sie die eingebauten Räder auf Beschädigungen oder übermäßigen Verschleiß an den Reifen und den Felgen sowie verbogene und gebrochene Speichen und korrigieren Sie gefundene Probleme (siehe Kapitel 4 und 5). Bauen Sie dann die Laufräder aus und überholen Sie die Radnaben, falls die Lager einstellbar sind (siehe Kapitel 6). Falls die Radnaben mit Patronenlagern ausgerüstet sind, müssen alle Oberflächen gereinigt und das Lager penibel auf raue Funktion und Spiel überprüft werden. Tauschen Sie ein schadhaftes Patronenlager

mithilfe der erforderlichen Spezialwerkzeuge aus oder lassen Sie dies von einer Fachwerkstatt erledigen.

4. Kette

Befreien Sie die Kette aus dem Fahrrad und reinigen Sie sie sorgfältig mithilfe einer Bürste in Lösungsmittel, lassen Sie sie dann abtropfen und trocknen Sie sie mit einem Lappen ab.

Kontrollieren Sie die Längung der Kette, die auf Verschleiß hinweist. Hierzu kann man sich entweder ein spezielles Kettenlängen-Messgerät beschaffen oder die Länge über 50 Bolzen messen – bei einer neuen Kette muss der Abstand zwischen der Mitte des ersten und des fünfzigsten Bolzens genau 25 Zoll (635 mm) betragen. Der erlaubte Verschleiß darf 2 % betragen, sodass die Kette ersetzt werden muss, wenn mehr als 650 mm ermittelt werden. Nähere Hinweise finden sich in Kapitel 11.

5. Tretlager

Bei montierten Tretkurbeln darf kein seitliches Spiel feststellbar sein, das auf lockere Lager hinweisen würde. Demontieren Sie dann die Kurbeln (siehe Kapitel 10) und drehen Sie das Tretlager, um zu prüfen, ob es sich sanft bewegt.

Falls es Hinweise auf Verschleiß oder lockeren Sitz gibt, muss das Tretlager ausgebaut und gereinigt, geschmiert und eingestellt oder im Falle eines Patronenlagers ausgetauscht werden. Anschließend wird das Lager wieder installiert und mit den Tretkurbeln ausgerüstet.

6. Pedale

Drehen Sie die Pedale – sie müssen sich frei, aber ohne Spiel bewegen. Wenn ein Pedal wackelt, ist seine Achse verbogen.

2.9 Es gibt ein großes Angebot an Schmier- und Reinigungsmitteln (links).
2.10 Schmieren Sie alle Kugellager mit Lagerfett (oben).

2.11 Schmieren Sie alle Gelenke der Schaltungskomponenten (links).
2.12 Schmieren Sie alle Bowdenzüge (oben).

Bei irgendwelchen Beanstandungen müssen die Pedale ausgebaut und zum Reinigen und Schmieren sowie dem Einstellen oder Ersetzen der Lager zerlegt werden – folgen Sie den Hinweisen in Kapitel 12.

7. Lenkung

Prüfen Sie die Funktion des Steuersatzes, wie in den monatlichen Inspektionen beschrieben. Wird ein lockeres oder rau laufendes Lager festgestellt, müssen die Steuersatz-Lager überholt werden – beachten Sie dazu Kapitel 13.

8. Schaltung

Während die Kette ausgebaut ist (siehe Schritt 4), werden alle Kettenschaltungskomponenten sorgfältig gereinigt, kontrolliert und geschmiert. Alle Gelenke müssen sich sanft bewegen und die kleinen Räder des Kettenspanners sich frei drehen (anders als andere drehende Teile des Fahrrades dürfen sie auch etwas seitliches Spiel aufweisen). Beseitigen Sie alle Probleme, wie in Kapitel 9 beschrieben.

9. Hebel

Demontieren Sie sowohl die Schaltungs- als auch die Brems-Bowdenzüge, um sie zu reinigen und wenn nötig zu ersetzen, falls gerissene Drähte oder geknickte Hüllen festgestellt werden. Schmieren Sie die Drahtseile mit Wachs und installieren Sie die Züge wieder (siehe Kapitel 7, 8 und 9).

Inspizieren Sie bei demontierten Zügen die Schalt- und Bremshebel auf sanfte

Funktion. Reinigen und Schmieren Sie die beweglichen Teile dieser Komponenten. Nachdem die Bowdenzüge wieder installiert sind, muss die Funktion des jeweiligen Systems überprüft und dies eingestellt werden (siehe Kapitel 7, 8 und 9).

10. **Zubehör**
    Falls das Fahrrad dauerhaft oder gelegentlich mit Zubehör ausgerüstet ist, ist jetzt ein guter Zeitpunkt, dessen Zustand und Funktion zu prüfen – und nötigenfalls Reparaturen durchzuführen. Prüfen Sie auch, ob alle benötigten Ersatzteile vorrätig sind; wenn z. B. der Ersatzschlauch inzwischen eingebaut wurde, muss der defekte Schlauch entweder geflickt oder ein neuer beschafft werden. Ebenso müssen Ersatzlampen und Batterien der Lichtanlage kontrolliert und ggf. ersetzt werden. Schließlich ist der Inhalt des Bordwerkzeugs zu prüfen (der Inhalt des Flickzeugs hat nur eine begrenzte Haltbarkeit!).

Reinigung

Obwohl dazu geraten wird, das Fahrrad monatlich zu reinigen, sollte dies je nach Wetterlage und Einsatzgebiet öfter geschehen, nötigenfalls also täglich.

Ich lebe im nördlichen Kalifornien, wo es acht Monate trocken und staubig ist, während es vier Monate nass und schlammig sein kann. Während der feuchten Periode muss mit viel Wachs und Schmiermittel dafür gesorgt werden, dass Korrosion keine Chance hat. Wenn es allerdings trocken und staubig ist, sind offen liegende geschmierte Stellen eine große Gefahr, da sie feine Staubpartikel aufnehmen, die dann wie Schmirgel wirken und den Verschleiß an beweglichen Teilen und Bedienelementen erhöhen.

Bedenken Sie diese Punkte, während ansonsten die folgenden Prozeduren durchgeführt werden.

Prozedur

1. Wenn das Fahrrad trocken ist, wird möglichst viel lockerer Schmutz mit einer weichen Bürste oder einem trockenen Lappen entfernt. Wenn das Fahrrad nass ist oder der Schmutz angetrocknet,

2.13 Reinigung versteckter Stellen mithilfe eines Schraubendrehers.

2.14 Reinigen und polieren Sie lackierte Bereiche am Rahmen.

2.15 Reinigung der Bereiche zwischen den Ritzeln mit einem zusammengefalteten Lappen.

muss es mit einem Eimer Wasser und einem Schwamm gereinigt werden. Benutzen Sie keinen harten Wasserstrahl oder Hochdruckreiniger, damit kein Wasser in Lager oder andere empfindliche Bauteile gelangen kann. Nachdem der Rahmen gereinigt wurde, nimmt man sich die anderen Komponenten vor und reinigt sie sorgfältig.

2. Trocknen Sie alles mit sauberen und trockenen Lappen ab.
3. Reinigen Sie als Nächstes kleine, versteckte Bereiche des Fahrrades und seiner Komponenten mit einem in Lösungsmittel getränktem Lappen – von den Speichen bis hinter die Bremsen und in allen Winkeln und Ecken der Schaltungs-Bauteile. Viele kleine Ecken lassen sich nur mit einem um einen Schraubendreher gewickelten Lappen erreichen, während die Bereiche zwischen und hinter den Kettenblättern und Ritzeln am besten mit einem gefalteten und hin und her gezogenen Lappen zugänglich sind.
4. Um die in Schritt 3 gereinigten Bereiche zu schützen, wird die Prozedur mit einem in Öl oder Wachs getränktem Lappen wiederholt (Wachs bei trockener/staubiger Umgebung, Öl bei Feuchtigkeit).

2.16 Reinigung versteckter Bereiche an der Radnabe.

Man kann die Schritte 3 und 4 kombinieren, wenn der Lappen in ein Gemisch aus Lösungsmittel und etwa zehn Prozent Öl getaucht wird. Allerdings darf diese Technik nicht im Bereich von Dichtringen (an Federelementen und Hydraulikbremsen) eingesetzt werden – hier dürfen nur nichtmineralische Reiniger verwendet werden.

5. Behandeln Sie alle lackierten und unlackierten Metallteile mit Wachs. Falls der Lack oder die Metalloberfläche verwittert aussehen, können sie mit Flüssigwachsen für Automobile behandelt werden, die Schleifpartikel enthalten, ansonsten ist klassisches Autowachs das Mittel der Wahl. Demontieren Sie möglichst den Vorbau und die Sattelstütze, um auch die versteckten Bereiche dieser Teile zu erreichen. Montieren Sie die Teile wieder in der korrekten Ausrichtung und sichern Sie sie sorgfältig (siehe Kapitel 13 und 14).
6. Polieren Sie die Wachsschicht mit einem sauberen, trockenen und weichen Lappen.
7. Behandeln Sie alle Kunststoffteile (aber nicht solche aus Naturgummi wie die Reifen) mit Armour-All oder einem anderen Kunststoffreinigungsmittel aus dem Autozubehör. Statt das Mittel auf das Fahrrad zu sprühen, sollte es besser auf einen weichen, sauberen Lappen aufgetragen und das Kunststoffteil damit poliert werden.

2.17 Reinigung der Innenbereiche von Klickpedalen.

maloja

3 Laufräder – Ausbau und Einbau

Wahrscheinlich erfordert keine andere Fahrradkomponente regelmäßigere Wartungsarbeiten als die Laufräder. Dieses Kapitel gibt detaillierte Hinweise zum Aus- und Einbau der Räder, während die Kapitel 4 bis 6 sich mit der Wartung der Räder selbst beschäftigen.

Die meisten Probleme an den Rädern und Reifen erfordern den Ausbau der Laufräder aus dem Fahrrad. Eine eher profane Tätigkeit, aber wichtig genug, um nach einer detaillierten Anleitung zu verlangen. Tatsächlich müssen verschiedene Dinge berücksichtigt werden: Handelt es sich um das Vorder- oder das Hinterrad? Wird es mit Schnellspannern oder Achsmuttern gesichert? Welche Bremsen befinden sich am Fahrrad? Für die folgenden Instruktionen habe ich einige der Variablen zusammengefasst, sodass zwei Hauptkategorien und eine spezielle Anmerkung übrig bleiben: Vorderrad, Hinterrad und eine Anmerkung über Räder mit Achsmuttern.

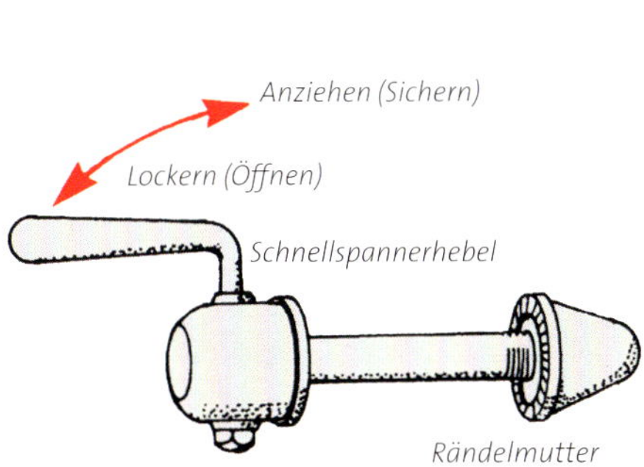

3.1 Funktion eines Schnellspanners.
3.2 Ein typisches Mountainbike-Vorderrad (rechts).

Ausbau und Einbau des Vorderrades

Werkzeug und Ausrüstung

Normalerweise nichts.

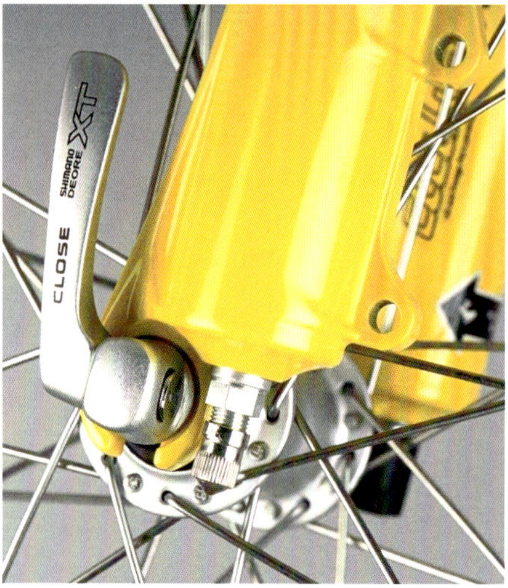

3.3 Schnellspannerhebel in der angezogenen (gesicherten) Position.

3.4 Öffnen (lösen) des Schnellspannerhebels.

Ausbau

1. Falls das Fahrrad mit einer Felgenbremse ausgerüstet ist, muss deren Schnellverschluss oder Bremszug-Einhängung geöffnet werden, um die Bremshebel auseinanderdrücken und den Reifen zwischen den Bremsbelägen hindurchführen zu können – lassen Sie nötigenfalls Luft ab. Bringen Sie mit einem Filzstift ggf. einen Pfeil an der Felge an, der die Drehrichtung des Rades anzeigt. Bei Scheibenbremsen-Modellen kann das Laufrad ohne weitere Vorbereitungen ausgebaut werden.
2. Drehen Sie den Radnaben-Schnellspanner in die »Offen«-Position.
3. Falls die Gabel an den Achsaufnahmen mit Vorsprüngen ausgerüstet ist, die ein versehentliches Herausrutschen des Rades verhindern sollen, muss die Rändelmutter an der anderen Seite der Achse ein paar Umdrehungen gelöst werden, bis die Nabe befreit ist.
4. Fassen Sie das Rad an der Nabe und der Felge an und führen Sie es aus der Gabel heraus.

Einbau

1. Folgen Sie nötigenfalls den Hinweisen zum Ausbau, um das Laufrad zwischen den Bremsbelägen hindurchführen zu können.
2. Stellen Sie sicher, dass der Radnaben-Schnellspanner in der »Offen«-Position steht.
3. Drehen Sie die Rändelmutter der Achse soweit auf, dass die Radnabe zwischen den Angüssen der Gabel hindurchpasst.
4. Schieben Sie das (ggf. anhand des Drehrichtungs-Pfeils) korrekt ausgerichtete Rad in die Gabel und führen Sie es dabei entweder mit dem Reifen zwischen

den Felgenbremsen-Belägen oder mit der Bremsscheibe zwischen den Bremssattel-Belägen hindurch, bis die Radnabe vollständig in den Kerben der Gabel sitzt.

5. Schrauben Sie die Rändelmutter soweit auf, bis der Schnellspannerhebel mit einiger Handkraft angezogen werden kann. Lösen Sie den Hebel zunächst wieder.
6. Zentrieren Sie die Felge durch das Betätigen der Bremse zwischen den Gabelholmen und ziehen Sie den Schnellspannerhebel fest.
7. Machen Sie ggf. die Felgenbremse wieder funktionsfähig (siehe Schritt 1 der Ausbauprozedur).

3.5 Öffnen Sie eine V-Bremse, um den Reifen zwischen den Bremsbelägen hindurchführen zu können.

Ausbau und Einbau des Hinterrades

Werkzeug und Ausrüstung

Normalerweise nur einen Lappen, um beim Anfassen der Kette die Hände sauber zu halten.

Ausbau

1. Legen Sie einen Gang ein, bei dem die Kette sowohl vorne als auch hinten auf dem kleinsten Kettenblatt bzw. Ritzel liegt.
2. Falls das Fahrrad mit einer Felgenbremse ausgerüstet ist, muss deren Schnellverschluss oder Bremszug-Einhängung geöffnet werden, um die Bremshebel auseinanderdrücken und den Reifen zwischen den Bremsbelägen hindurchführen zu können – lassen Sie nötigen-

3.6 Aushängen des Verbindungszuges an einer Cantilever-Bremse für den gleichen Zweck.

3.7 Halten Sie das Schaltwerk zurück, um das Hinterrad leicht aus- und einbauen zu können.

falls Luft ab. Bei Scheibenbremsen-Modellen kann das Laufrad ohne weitere Vorbereitungen ausgebaut werden.

3. Halten Sie das Schaltwerk mit der Kette wie in Abb. 3.7 gezeigt, um die Kette möglichst gerade nach unten laufen zu lassen, damit sie den Ausbau nicht behindert.
4. Drehen Sie den Radnaben-Schnellspanner in die »Offen«-Position.
5. Fassen Sie das Rad an der Nabe und der Felge an und führen Sie es aus dem Rahmen oder der Schwinge heraus.

Einbau

1. Folgen Sie nötigenfalls den Hinweisen zum Ausbau, um das Laufrad zwischen den Bremsbelägen hindurchführen zu können.

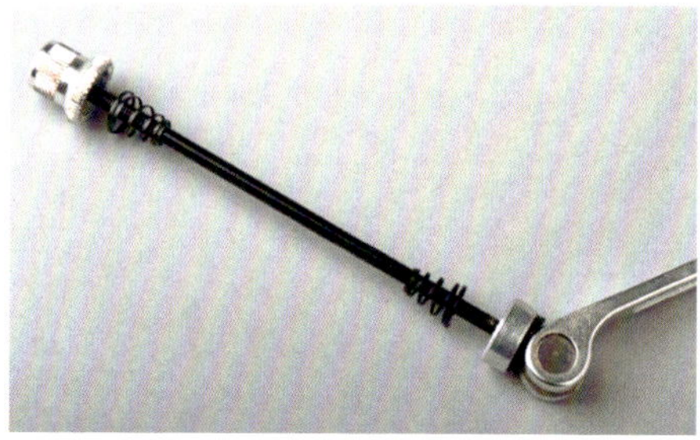

3.8 Die konischen Federn der Schnellspannerachse müssen an beiden Seiten mit den engen Wicklungen zur Radnabe zeigen.

2. Stellen Sie sicher, dass der Radnaben-Schnellspanner in der »Offen«-Position steht.
3. Stellen Sie sicher, dass die Schaltung so steht, dass die Kette jeweils auf den kleinsten Kettenrädern liegt, und verlegen Sie die Kette ggf. um die Kettenspanner-Räder, wie in Abb. 3.9 gezeigt.
4. Bringen Sie die Radnabe unter den Ausfallenden in Position und führen Sie das Rad dabei entweder mit dem Reifen zwischen den Felgenbremsen-Belägen oder mit der Bremsscheibe zwischen den Bremssattel-Belägen hindurch, bis die Radnabe vollständig in den Ausfallenden sitzt.
5. Sorgen Sie dafür, dass die Kette auf dem kleinsten Ritzel liegt und korrekt um die Kettenspanner-Räder geführt ist, wie in Abb. 3.9 gezeigt.
6. Zentrieren Sie die Felge zwischen den Sattelstreben (sodass sie an beiden Seiten den gleichen Abstand hierzu hat) und ziehen Sie den Schnellspannerhebel fest – verdrehen Sie nötigenfalls die Rändelmutter, um ihn mit einiger Handkraft sichern zu können.

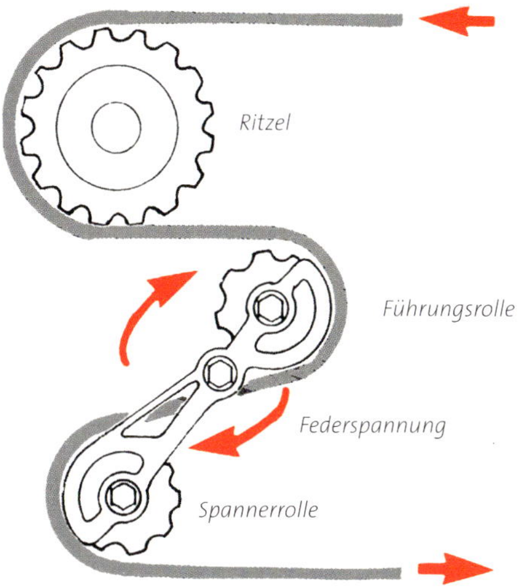

3.9 Verlegung der Kette um den Zahnkranz und die Kettenspannerräder.

3.10 Anziehen (Sichern) des Schnellspannerhebels.

7. Machen Sie ggf. die Felgenbremse wieder funktionsfähig (siehe Schritt 1 der Ausbauprozedur Vorderrad).

Laufräder mit Achsmuttern

Manche Menschen bevorzugen zum Befestigen der Laufräder Achsmuttern. Generell kann man hierbei den Hinweisen zum Aus- und Einbau von Schnellspanner-Radnaben folgen, nur müssen hier an beiden Seiten der Achse die Muttern mit einem Schlüssel gelockert und angezogen werden.
Zwischen der Gabel bzw. dem Ausfallende und der Achsmutter sitzt eine Scheibe, deren richtige Position auch beim Einbau sichergestellt sein muss.

3.11 Lockern und Anziehen der Achsmuttern.

4 Reifen

Wahrscheinlich gibt es am Mountainbike kaum andere Teile, die öfter repariert werden müssen als die Reifen. Neben dem häufig vorkommenden Plattfuß müssen aber auch andere Wartungsarbeiten vorgenommen werden.

Die bei Mountainbikes zur Verwendung kommenden Reifen (auch »Mäntel« oder »Decken« genannt«) sind sogenannte Drahtreifen, die um die Schläuche herum auf der Felge sitzen und dort mit einem in die Reifenwulst eingebetteten Stahldraht gesichert sind.

Die Schläuche sind mit Ventilen ausgerüstet, um den Luftdruck halten und kontrollieren zu können. Diese Ventile gibt es in zwei verschiedenen Ausführungen: als Sclaverand-Ventil (»französisch«) und als Schrader-Ventil (wie bei Autos). Achten Sie darauf, dass die Luftpumpe zum Ventiltyp passt, denn die Verwendung von Adaptern ist oft sehr knifflig.

Reifengrößen werden durch verschiedene Bezeichnungen angegeben. Die klassische Methode ist die Angabe in Zoll (z. B. 26 x 1.75). Die erste Zahl gibt den ungefähren Außendurchmesser und die zweite die ungefähre Breite des Reifens an

4.1 Halten Sie die Luftpumpe beim Aufpumpen senkrecht zum Ventil.

4.2 Eine solche Beschädigung erfordert den Austausch des Reifens.

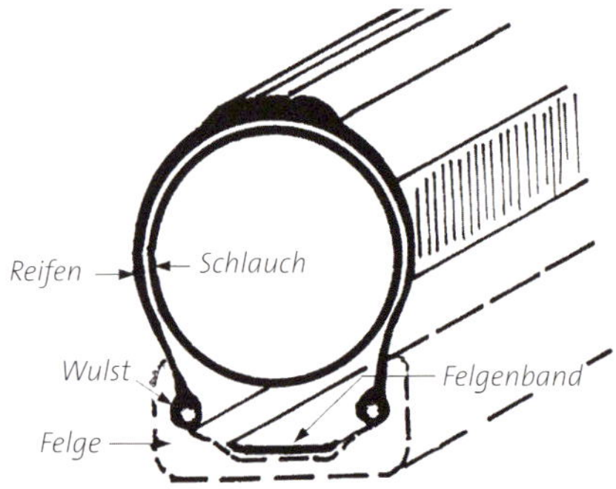

4.3 Querschnitt durch ein Laufrad.

(hier also: ca. 660 mm Durchmesser und ca. 44 mm Breite). Genauer ist die Größenangabe der europäischen ETRTO-Norm der European Tyre and Rim Technical Organisation, die meistens kleingeschrieben an der Reifenflanke angegeben ist. Hier steht (auf dem gleichen Reifen) dann »559 x 47«, was bedeutet, dass der Reifen auf eine Felge mit 599 mm Durchmesser (gemessen am Sitz der Reifenwulst) und 47 mm Breite (gemessen zwischen den Felgenflanken) passt.

Es muss also darauf geachtet werden, dass der Reifen einerseits auf die Felge passt, und andererseits auch nicht an der Gabel oder den Heckstreben (und ggf. im Schutzblech) schleift. Manche Reifen sind mit Laufrichtungs-Pfeilen versehen, die in die normale Drehrichtung des Rades zeigen müssen, damit das Profil besser greift.

Auch beim Schlauch muss (neben dem Ventiltyp) auf die richtige Größe geachtet werden – aufgrund ihrer Elastizität sind Schläuche oft für unterschiedliche Reifen mit einem gewissen Größenbereich geeignet. Schläuche haben eine begrenzte Haltbarkeit, die stark von der Temperatur und

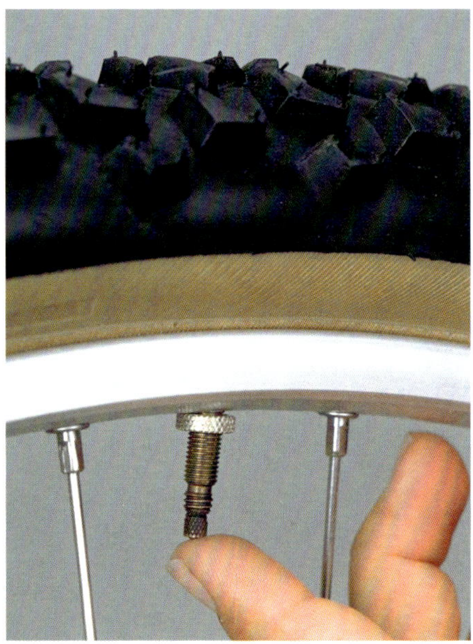

4.4 Ein aufgerollter Ersatzschlauch mit einem Sclaverand-Ventil samt Rändelring und Kappe.
4.5 Bei einem Sclaverand-Ventil muss dessen Rädelmutter gelockert und das Ventil vor dem Ansetzen der Pumpe kurz eingedrückt werden (rechts).

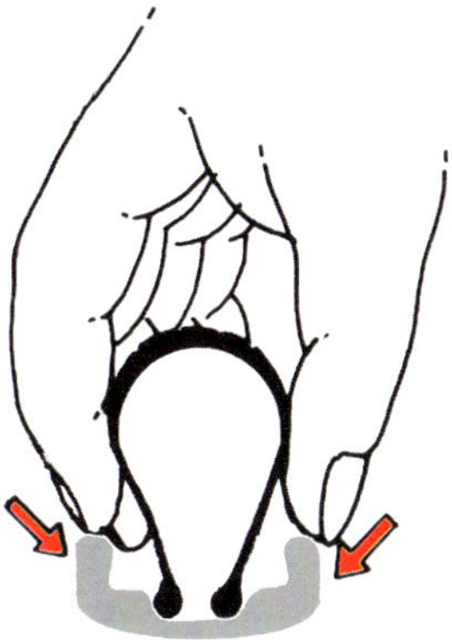

4.6 Drücken Sie die Reifenflanken nach innen, um die Wülste in den tieferen Innenbereich der Felge zu platzieren.
4.7 Hebeln Sie den Reifen mit dem ersten Montierhebel über die Felge (rechts).

der Luftfeuchtigkeit abhängt, sodass es sich nicht lohnt, größere Mengen auf Vorrat anzulegen. Kaufen Sie stattdessen immer nur zwei Schläuche und ersetzen Sie sie, wenn ein vorhandener Schlauch aufgrund seines Alters, der Anzahl seiner Flicken oder der Porösität (bei der er ohne erkennbare Löcher Luft verliert) ausgetauscht werden muss. Schläuche gibt es aus verschiedenen Materialien. Ich bevorzuge die besonders flexiblen Versionen aus Naturlatex (also unvulkanisiertem Gummi), denn unter anderem lassen Sie sich besser flicken als Schläuche aus synthetischem Butylkautschuk.
Es sind auch spezielle schlauchlose Reifen erhältlich, die nur auf dafür geeignete Felgen gezogen werden dürfen, doch sie sind bei Mountainbikes so selten, dass die erforderlichen Wartungs- und Reparaturarbeiten in diesem Buch nicht erwähnt sind.

Reifendruck

In Wirklichkeit pumpt man natürlich nicht den Reifen, sondern den Schlauch auf. Dies muss geschehen, wenn der Druck unter dem am Reifen angegebenen Wert gesunken ist. Der Druck kann zur Verlängerung der Lebensdauer des Reifens um etwa 2 bar über den empfohlenen Wert erhöht werden, wenn man mit dem geringeren Dämpfungskomfort leben kann.

Werkzeug und Ausrüstung
- Luftpumpe
- Druckprüfer

Prozedur
1. Die Pumpe muss für den Ventiltyp (Sclaverand oder Schrader) des Schlauchs geeignet sein – nötigenfalls muss ein geeigneter Adapter beschafft werden.

4.8 Setzen Sie den zweiten Hebel ein Stück weiter an, um den Reifen weiter abzuziehen.

4.9 Bald kann die Reifenwulst von Hand über die Felge gezogen werden.

2. Das Ventil muss senkrecht zur Felge stehen – falls nicht, muss Luft abgelassen und der Reifen auf der Felge verschoben werden, bis es geradesteht.
3. Drehen Sie die Staubkappe vom Ventil.
4. Je nach Ventiltyp:
   - Lösen Sie bei einem Sclaverand-Ventil die Rändelmutter und drücken Sie sie kurz herunter, um das Ventil zu lockern – lassen Sie dabei nicht allzu viel Luft entweichen.
   - Bei einem Schrader-Ventil sollte der kleine Stift des Ventils kurz heruntergedrückt werden, um das Ventil zu lockern – lassen Sie dabei nicht allzu viel Luft entweichen.
5. Prüfen Sie mit dem Manometer den Luftdruck. Mit genügend Erfahrung kann man den Reifendruck auch mit dem gegen den Schlauch gedrückten »Prüf-Daumen« ermitteln.
6. Setzen Sie den Pumpenkopf senkrecht auf das Ventil und klappen Sie ggf. den Hebel herunter, um ihn zu sichern.
7. Halten Sie die Pumpe senkrecht zum Ventil und pumpen Sie den Schlauch auf. Wenn die Pumpe nicht mit einem integrierten Manometer ausgerüstet ist, muss der Druck zwischendurch kontrolliert werden.
8. Ziehen Sie bei einem Sclaverand-Ventil die Rändelmutter an. Drehen Sie bei allen Ventilen die Staubkappe auf.

Schlauchwechsel

Die einfachste und schnellste Möglichkeit, einen Plattfuß zu beheben, liegt im Austausch des defekten Schlauchs. Da die Anzahl der mitgeführten Ersatzschläuche jedoch genauso begrenzt ist wie das Budget

für neue Schläuche, rate ich dazu, das Flicken von Schläuchen zu erlernen (siehe nächstes Unterkapitel).
Zunächst muss in jedem Fall das Rad ausgebaut werden (siehe Kapitel 3).

Werkzeug und Ausrüstung

- Montierhebel – möglichst drei Stück
- Luftpumpe für den entsprechenden Ventiltyp
- Druckprüfer für den entsprechenden Ventiltyp
- Ersatzschlauch – passend für die Reifengröße
- Talkumpulver zum Einpudern des Schlauchs, damit er nicht im Reifen klebt (und möglicherweise Falten schlägt)
- Pinzette zum Entfernen von in den Reifen eingedrungenen Gegenständen

Prozedur

1. Drehen Sie die Staubkappe vom Ventil und lassen Sie die restliche Luft entweichen – lockern Sie hierzu bei Sclaverand-Ventilen die Rändelmutter und drücken Sie bei allen Ventilen den Ventilstift herunter.
2. Drehen Sie den Rändelring ab, der das Ventil in der Felge sichert.
3. Drücken Sie das Ventil so weit wie möglich in den Reifen, um die Reifenwülste besser in der Felge zusammendrücken zu können.
4. Drücken Sie die Reifenflanken rundherum von Hand in den tiefer liegenden mittleren Bereich der Felge – so kann der Reifen an einem vom Ventil entfernten Bereich besser über die Felge gehebelt werden.
5. Drücken Sie einen Montierhebel unter die Reifenwulst, um diese über die Felge zu hebeln. Haken Sie danach das andere Ende des Hebels in einer Speiche ein.
6. Wiederholen Sie dies mit dem zweiten Montierhebel etwa vier Speichen entfernt.

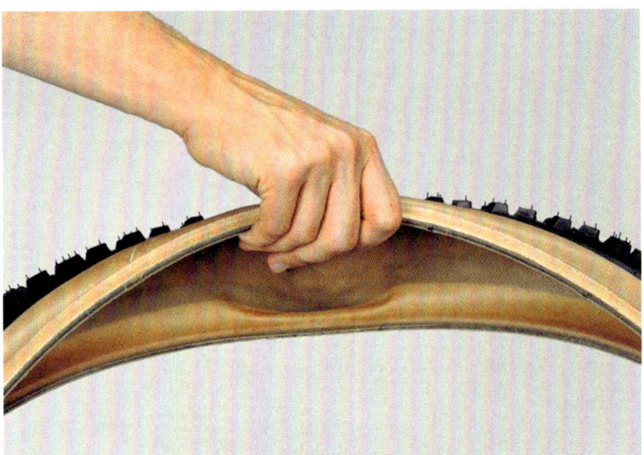

4.10 Kontrollieren Sie den Reifen innen auf Beschädigungen.
4.11 Richten Sie das Felgenband über der Ventilbohrung aus und legen Sie es über die Speichennippel (rechts).

4.12 Stecken Sie zuerst das Ventil des neuen Schlauchs in die Felgenbohrung.

7. Wenn sich der Reifen jetzt noch nicht von Hand von der Felge ziehen lässt, muss mit dem dritten Montierhebel ein weiterer Bereich der Wulst über die Felge gehebelt werden.
8. Jetzt kann der mittlere Montierhebel entfernt und nötigenfalls erneut ein Stück weiter außen erneut angesetzt werden (was nur selten nötig ist).
9. Ziehen Sie die erste Wulst vollständig aus der Felge – beginnen Sie an den Montierhebeln und arbeiten Sie sich rundherum vor.
10. Ziehen Sie den Schlauch an beiden Seiten des Ventils zwischen dem Reifen und der Felge heraus.
11. Drücken Sie das Ventil durch die Felgenbohrung in den Reifen und befreien Sie den Schlauch vollständig.
12. Überprüfen Sie den Reifen innen und außen auf eingedrungene Fremdkörper, die der Grund für den Plattfuß gewesen sein könnten. Entfernen Sie die Teile nötigenfalls mit einer Pinzette.
13. Kontrollieren Sie das Felgenband – es darf nicht beschädigt sein und muss genau die Breite haben, um den tiefen Bereich der Felge abzudecken. Wenn sich Speichen durch das Band gedrückt haben, müssen deren Enden abgefeilt werden.
14. Installieren Sie den neuen Schlauch, indem Sie sein Ventil von innen in die Bohrung einführen und ihn rundherum über die Felge und in den Reifen drücken.
15. Pumpen Sie den Schlauch leicht auf, um ihn in Form zu bringen, aber noch nicht unter Druck zu setzen.
16. Drücken Sie den Reifen am Ventil beginnend über die Felge. Achten Sie darauf, dass die Wülste sich im tieferen Bereich der Felge befinden. Das letzte Stück wird etwas schwieriger werden, doch sollte der Einsatz eines Montierhebels vermieden werden, da hiermit rasch der Schlauch beschädigt ist. Lassen Sie nötigenfalls etwas Luft ab und stellen Sie erneut sicher, dass die bereits in der Felge sitzende Wulst rundherum in der Vertiefung liegt. Ziehen Sie den Reifen von der anderen Seite über die Felge (Abb. 4.19).
17. Pumpen Sie den Schlauch etwas auf, »kneten« Sie die Reifenflanken und drücken Sie das Ventil in den Reifen, um sicherzugehen, dass der Schlauch nicht zwischen Reifen und Felge eingeklemmt ist.
18. Pumpen Sie den Schlauch auf seinen endgültigen Wert auf und überprüfen Sie dabei, ob sich der Reifen auf beiden Seiten rundherum gleichmäßig aus der Felge hebt (was anzeigt, dass der Schlauch richtig liegt). Kommt der

Reifen nicht gleichmäßig aus der Felge, muss etwas Luft abgelassen werden; danach wird der Reifen erneut geknetet, bevor das Aufpumpen wiederholt wird.

19. Prüfen Sie den Reifendruck und korrigieren Sie ihn nötigenfalls.

Schläuche reparieren

Wenn kein Ersatzschlauch (mehr) zur Hand ist, kann ein beschädigter Schlauch normalerweise auch unterwegs mithilfe eines aufgeklebten Flickens repariert werden. Da der Aus- und Einbau des Schlauchs bereits oben beschrieben wurde, beschäftigt sich dieses Unterkapitel nur mit der tatsächlichen Reparatur. Führen Sie bei einem Plattfuß also zunächst die Schritte 1 bis 12 der vorherigen Sektion durch und setzen Sie die dort beschriebenen Werkzeuge ein. Nachdem der Schlauch geflickt ist, wird entsprechend mit Schritt 13 fortgefahren.

Werkzeug und Ausrüstung

Flickzeug-Set aus mehreren Gummiflicken, Schleifpapier oder Raspel, einer Tube Vulkanisierflüssigkeit (Gummilösung) und gegebenenfalls etwas Talkumpulver.

Prozedur

1. Kontrollieren Sie den gesamten Schlauch auf Beschädigungen – beginnen Sie am vermuteten Loch.
2. Falls sich die schadhafte Stelle nicht finden lässt, wird der Schlauch etwas aufgepumpt und langsam am Ohr oder Auge entlang geführt, um die austretende Luft hören oder fühlen zu können.

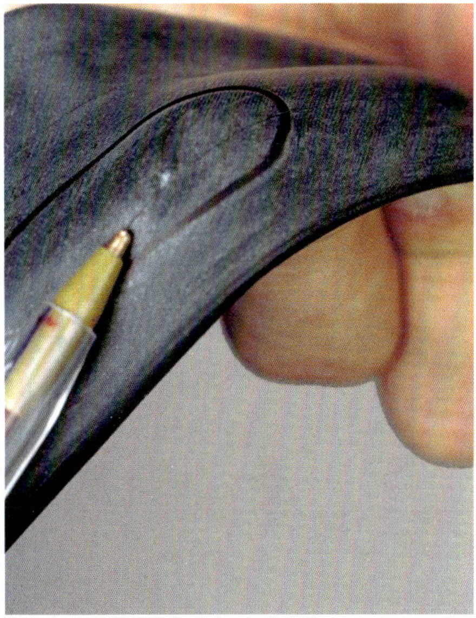

4.13 Markieren Sie den Schlauch um das Loch herum mit einem Kreis.

4.14 Schleifen Sie den Schlauch im Bereich der Beschädigung an.

4.15 *Tragen Sie Gummilösung auf und lassen Sie sie etwas antrocknen.*

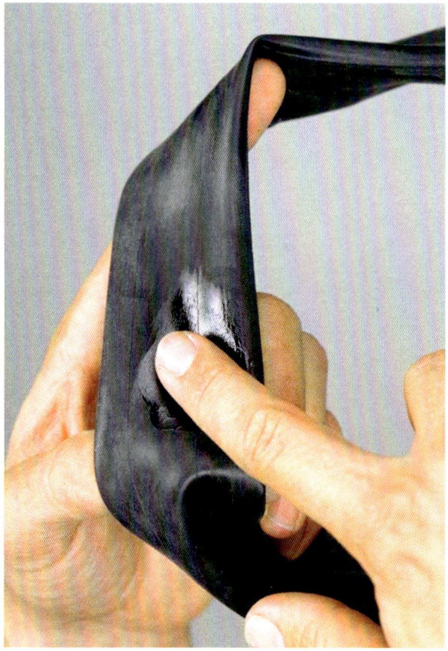

4.16 *Drücken Sie den Flicken fest auf den Schlauch.*

Findet man das Loch auch so nicht, muss der aufgepumpte Schlauch nach und nach unter Wasser gehalten werden, um das Loch anhand der austretenden Luftblasen zu lokalisieren. Trocknen Sie den Schlauch zunächst ab. Achten Sie auf weitere Löcher – manchmal entstehen auf der kurzen Strecke, die man ohne Luft fährt, diverse weitere Schäden. Malen Sie mit einem geeigneten Stift (Kugelschreiber sind gut, spitze Bleistifte schlecht) um alle Löcher je einen Kreis, der etwas größer ist als der benötigte Flicken.

3. Rauen Sie den Bereich um das Loch herum mit dem Schleifpapier oder der Raspel auf und wischen Sie ihn ab.
4. Verteilen Sie eine gleichmäßige, dünne Schicht Vulkanisierflüssigkeit um das Loch herum, etwas weiter, als es für den ausgewählten Flicken nötig ist, und lassen Sie sie bei warmem Wetter etwa eine Minute, bei Kälte etwa zwei bis drei Minuten antrocknen, bis ihre Oberfläche matt wird.
5. Ziehen Sie an der Klebeseite des Flickens den Schutzüberzug (normalerweise Alufolie) teilweise ab, ohne die Klebefläche zu berühren. Setzen Sie den Flicken dann so am Schlauch an, dass das Loch in der Mitte liegt, und ziehen Sie die Folie dann vollständig ab.
6. Üben Sie etwa eine Minute lang festen Druck auf den gesamten Flicken aus –

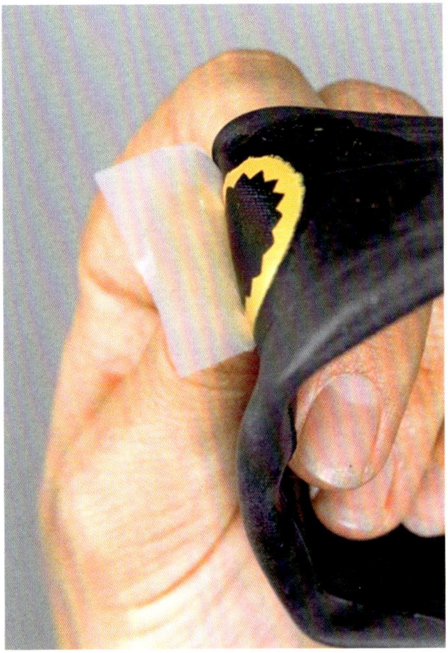

4.17 Wenn die Schutzfolie abgezogen wird, sollte der Flicken mit Talkum bestreut werden.

dies kann mit der Hand oder auch z. B. einem Schraubendrehergriff geschehen.

7. Prüfen Sie, ob der Flicken korrekt über dem Loch sitzt und rundherum angeklebt ist – wiederholen Sie andernfalls die Schritte 3 bis 6. Entfernen Sie die transparente Schutzfolie des Flickens.
8. Streuen Sie etwas Talkumpulver über den geflickten Bereich, damit er später nicht innen am Reifen klebt.
9. Pumpen Sie den Schlauch auf und prüfen Sie (ggf. durch erneutes Eintauchen in Wasser), ob der Flicken dichthält. Wiederholen Sie die Arbeit an allen weiteren Löchern.
10. Lassen Sie die Luft ab und installieren Sie den trockenen (!) Schlauch, wie in den Schritten 13 bis 19 der vorherigen Sektion beschrieben.

Anmerkung
Kontrollieren Sie, ob das Felgenband korrekt in der Felge sitzt und alle Speichennippel abdeckt. Ersetzen Sie ein beschädigtes oder ausgeleiertes Felgenband.

Reifen reparieren

Gelegentlich kann es hilfreich sein, einen kleinen Riss oder Schnitt im Reifen selbst zu flicken, doch meistens ist es besser, den Reifen möglichst rasch auszutauschen. Folgen Sie ggf. den Hinweisen zur Reparatur von Schläuchen und flicken Sie den Reifen innen mit einem ausgeschnittenen Stück eines alten dünnen Reifens. Die Gummilösung muss sowohl im Reifen als auch auf dem Flicken aufgetragen werden. Streuen Sie etwas Talkumpulver über den geflickten Bereich, damit der Reifen nicht am Schlauch kleben bleibt.

Reifen ersetzen

Wenn ein Reifen verschlissen, beschädigt oder stark rissig ist, muss er erneuert werden. Der neue Reifen muss die korrekte Größe haben und in die Gabel bzw. zwischen die Heckstreben passen. Mountainbikereifen sind oft mit einem Richtungspfeil versehen, der in die normale Drehrichtung zeigen muss. Zudem gibt es spezielle Vorder- und Hinterreifen mit unterschiedlichen Profilen. Bringen Sie mit

4.18 Drücken Sie den leicht aufgepumpten Schlauch in den Reifen, bevor dieser montiert wird.

4.19 Ziehen Sie den Reifen über die Felge.

4.20 Pumpen Sie den Reifen auf und kontrollieren Sie rundherum, ob er gleichmäßig aus der Felge herauskommt.

einem Filzstift ggf. einen Pfeil an der Vorderradfelge an, der die Drehrichtung des Rades anzeigt (bei Hinterrädern sitzen die Ritzel generell rechts). Wenn der Reifen oder die Felge so steht, dass der Drehrichtungs-Pfeil oben liegt, muss er nach vorn zeigen.

Werkzeug und Ausrüstung

- Montierhebel – möglichst drei Stück
- Luftpumpe für den entsprechenden Ventiltyp
- Druckprüfer für den entsprechenden Ventiltyp
- Talkumpulver

Prozedur

1. Streuen Sie Talkum in den neuen Reifen, damit er nicht am Schlauch klebt.
2. Lassen Sie am entsprechenden Rad die Luft ab und befreien Sie den Schlauch aus dem Reifen – beachten Sie die Schritte 1 bis 11 im Unterkapitel »Schläuche ersetzen«.
3. Hebeln oder ziehen Sie den alten Schlauch von der gleichen Felgenseite, über die bereits die erste Wulst gehebelt wurde.
4. Ziehen Sie die eine Seite des neuen (korrekt ausgerichteten) Reifens über die Felge und drücken Sie sie in die Felgenmitte.
5. Installieren Sie den Schlauch, wie im Unterkapitel »Schläuche ersetzen« beschrieben.

5 Felgen und Speichen

Jedes Laufrad besteht aus einer Nabe und einer Felge – und diese Bestandteile sind wiederum durch Speichen miteinander verbunden. Wartungs- und Reparaturarbeiten an der Felge und den Speichen sind in diesem Kapitel beschrieben, während die Radnabe in Kapitel 6 behandelt wird.

Wenn ein Laufrad irgendwo zu hart auftrifft, verformt sich die Felge durch den Aufprall. Die Reparatur erfolgt nun entweder dadurch, dass sie gerichtet oder ersetzt wird. Beide Tätigkeiten erfordern Arbeit an den Speichen – entweder müssen sie alle ausgebaut oder eingestellt werden, um die Felge wieder gerade zu ziehen.

Schauen wir uns einmal an, wie ein Laufrad aufgebaut ist (Abb. 5.1). In Abbildung 5.2 sind die verschiedenen Einzelteile benannt. Ein typisches Mountainbike-Laufrad hat 32 Speichen, von denen die Hälfte links in die Radnabe eingehängt ist und die andere Hälfte rechts. Dieser Aufbau sorgt dafür, dass das Rad sowohl eine radiale als auch eine laterale (seitliche) Festigkeit er-

5.1 Laufrad ohne Reifen.
5.2 Bauteile des Laufrades (rechts).

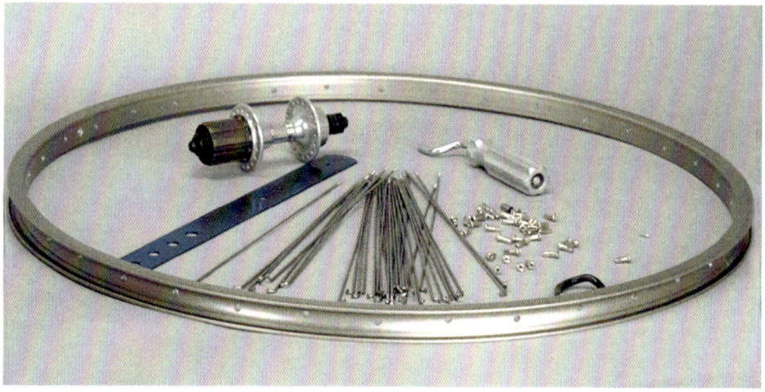

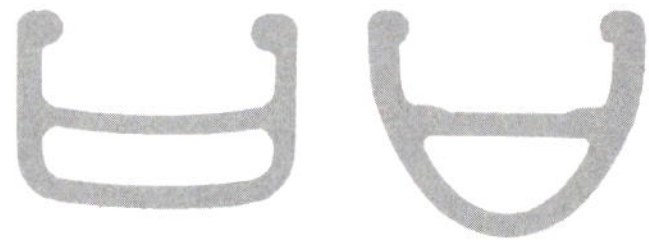

5.3 Unterschiedliche Felgen-Querschnitte (oben).
5.4 Die Einzelteile zum Aufbau eines Laufrades sowie ein Speichenschlüssel (links).

hält, wenn alle Speichen korrekt auf Zug belastet sind und alle zusammen dafür sorgen, dass die Felge rundherum perfekt ausgerichtet ist.

Die Speichen auf jeder Seite des Rades bilden ein spezielles Muster (das üblicherweise – aber nicht immer – auf beiden Seiten gleich ist). Wenn sie alle radial von der Nabe zur Felge verlaufen, wird dies Radialmuster genannt. Wenn eine Speiche eine andere Speiche derselben Seite kreuzt, wird dies Einfachkreuzung genannt; kreuzt sie zwei Speichen, nennt man es Zweifachkreuzung usw. Am häufigsten kommen Dreifachkreuzungen zum Einsatz. Bevor man mit der Arbeit an einem Rad beginnt, müssen die Anzahl der Speichen und das Speichenmuster ermittelt werden. Und wenn eine oder mehre Speichen ersetzt werden sollen, muss das alte Muster beibehalten werden. Wichtig sind auch die Speichenlänge (die besonders am Hinterrad von einer Seite zur anderen variieren kann) und ihr Durchmesser.

Eine andere Sache, die berücksichtigt werden muss, ist die Speichenspannung eines neuwertigen Laufrades. Hierzu kann man in einem Fahrradladen nachfragen, ob man die Spannung am Vorderrad und beiden Seiten des Hinterrades eines hochwertigen Mountainbikes einmal erfühlen darf. Dabei drückt man zwei benachbarte Speichen gegeneinander und merkt sich den Widerstand. Dann werden die Speichen wie ein Musikinstrument angeschlagen und die Tonlage beachtet – höhere Spannung erzeugt einen hohen Ton. Beim Warten oder Zusammenbauen eines Laufrades sollten die Speichen ähnliche Spannungswerte aufweisen.

Die Felge

Fahrradfelgen für Mountainbikes werden nach einer der in Abb. 5.3 gezeigten Formen gebaut, doch ihre Maße können sich stark unterscheiden. Die nach innen zeigenden Enden der Flanken sichern die Reifenwulst in der Felge.

Der Felgendurchmesser muss zum Reifen passen – typische Mountainbikes haben 599 mm. Die Breite (zwischen den Flanken gemessen) liegt zwischen 22 mm (bei modernen Rädern mit Scheibenbremsen) und 30 mm (bei älteren Modellen).

Die Anzahl der Speichenlöcher muss zu derjenigen in der Radnabe passen und

5.5 Blick auf die Nippel und Speichen in der Felge, nachdem das Felgenband entfernt ist. Das »leere« Loch ist die Ventilbohrung.

schließlich muss die Ventilbohrung zum Ventil passen (6,5 mm für Sclaverand- und 8,5 mm für Schrader-Ventile).

Rundlauf-Überprüfung

Schäden an Laufrädern entstehen normalerweise durch kräftige Schläge gegen die Felge, die sie entweder radial oder seitlich verziehen lassen. Eine solche Verformung wird »Schlag« oder Unrundlauf genannt, und die Reparatur besteht darin, die Felge wieder zu zentrieren. Durch die Deformation werden sich einige Speichen lockern, während andere strammer sitzen. Oft – aber nicht immer – kann der Schaden dadurch repariert werden, dass man ausgewählte Speichen nachspannt. Zuerst muss jedoch das Ausmaß des Schadens ermittelt werden.

Werkzeug und Ausrüstung

Normalerweise nichts – ein Zentrierständer mit Messinstrumenten macht die Sache jedoch einfacher.

Prozedur

1. Hängen Sie das Fahrrad in den Montageständer oder stellen Sie es auf den Kopf (schützen Sie alle am Lenker sitzenden Teile). Wenn ein Zentrierständer vorhanden ist, sollte das Laufrad ausgebaut und dort installiert werden.
2. Drehen Sie das Rad langsam von Hand und beobachten Sie an einer Seite den Abstand der Felge zur Gabel, Strebe oder dem Ständer. Schauen Sie, ob die Felge sich seitlich (lateral) oder auf und ab (radial) bewegt. Prüfen Sie außerdem, ob Speichen gebrochen sind.
3. Wenn die Felge nicht scharf geknickt ist, sondern sich ein Verzug über einen weiten Bereich hinzieht, kann sie wahrscheinlich durch radiales oder laterales Zentrieren repariert werden (siehe unten).
4. Ein beispielsweise durch einen Bordstein verursachter Knick kann nicht durch das Nachspannen der Speichen gerichtet werden, sodass die Felge ersetzt werden muss (siehe Unterkapitel Speichen/Felge ersetzen auf Seite 52).

5. Wenn die Inspektion ergibt, dass eine oder mehrere Speichen gebrochen sind, müssen sie ersetzt werden (siehe Unterkapitel Austausch einzelner Speichen auf Seite 51). Anschließend muss das Laufrad zentriert werden (siehe unten).

Laufräder zentrieren

Durch diese Arbeit wird das Laufrad wieder in Form gebracht, falls die Rundlauf-Überprüfung ergeben hat, dass es entweder seitlich (lateral) oder radial verzogen ist.

Werkzeug und Ausrüstung

- Speichenschlüssel
- Möglichst ein Zentrierständer, doch ist die Arbeit auch bei auf dem Kopf stehendem Fahrrad möglich.
- Klebeband oder Kreide zum Markieren
- Kriechöl und Lappen

Seitliches Zentrieren

1. Markieren Sie bei der Rundlauf-Kontrolle (mit Klebeband an den nächsten Speichen oder mit Kreide am Reifen), welche Bereiche des Rades nach links oder rechts verzogen sind.
2. Lockern Sie in diesen Bereichen die Speichen, die die Felge nach außen ziehen, und ziehen Sie die Nippel derjenigen Speichen nach, die zur anderen Seite der Nabe führen. Verdrehen Sie dazu mit einem passenden Speichenschlüssel den/die Nippel an der stärksten Auswölbung um etwa eine Umdrehung. Die benachbarten Nippel werden schrittweise weniger verdreht, bis diejenigen am Rand der Wölbung nur noch eine Viertelumdrehung verstellt werden.

Von der Nabe zur Felge betrachtet erfolgt das Lockern der Speichen durch Drehen der Nippel im Uhrzeigersinn, entsprechend bedeutet eine Verdrehung gegen den Uhrzeigersinn das Anziehen der Speichen.

Falls Speichen in den Nippeln festgerostet sind und diese sich nicht richtig drehen lassen, muss die Verbindung zwischen Speiche und Nippel mit Kriechöl eingesprüht werden. Nach einer Ein-

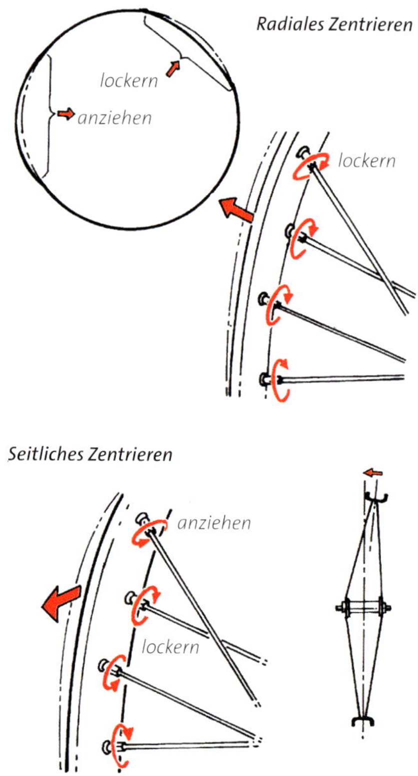

5.6 Schemen zum Zentrieren einer Felge.

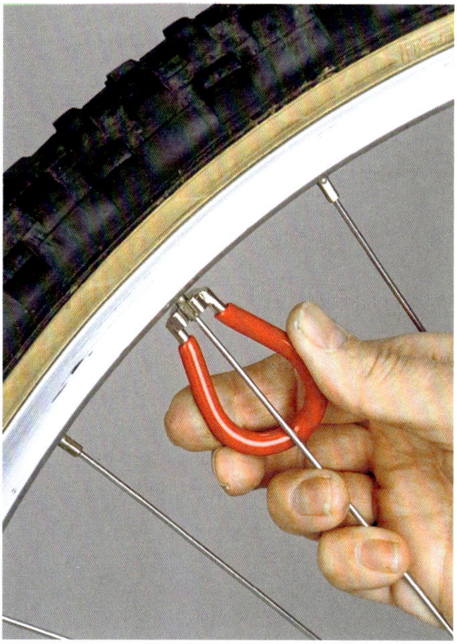

5.7 Zum Spannen der Speiche muss der Nippel mit dem Speichenschlüssel (Nippelspanner) verdreht werden.

5.8 Die Verwendung eines Zentrierständers.

wirkzeit von 2 bis 3 Minuten kann ein erneuter Versuch gestartet werden.

3. Wiederholen Sie Schritt 2, indem Sie die Nippel zum Ende der Zentrierung hin immer weniger verdrehen, bis kein seitlicher Schlag mehr feststellbar ist – das Rad also seitlich zentriert ist.

Radiales Zentrieren

Benutzen Sie die gleiche Technik wie in Schritt 1 des seitlichen Zentrierens beschrieben und markieren Sie die Speichen an den »hohen« und »flachen« Stellen der Felge. Lockern Sie dann wie in den Schritten 2 und 3 beschrieben (siehe oben) die Nippel an den »flachen« Stellen und ziehen Sie diejenigen an den »hohen« Stellen an, bis der Höhenschlag verschwunden ist – das Rad also radial zentriert ist.

Notreparaturen verzogener Laufräder

Falls während der Ausfahrt plötzlich ein Laufrad durch einen Aufprall auf ein Hindernis stark verzogen wird, kann eine provisorische Reparatur am Wegesrand durchgeführt werden, um wieder nach Hause zu kommen – die Rückfahrt muss allerdings sehr vorsichtig erfolgen, da das Rad besonders bei schneller Fahrt durch Kurven plötzlich kollabieren kann. Zu Hause muss dann eine genaue Inspektion und

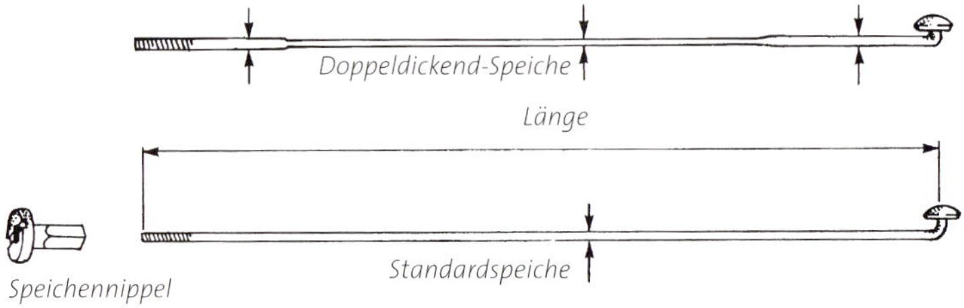

5.9 Speichen-Details.

Reparatur durchgeführt werden, die so weit gehen kann, dass das gesamte Laufrad ersetzt werden muss.

Werkzeug und Ausrüstung

- Speichenschlüssel

Prozedur

1. Bauen Sie das Laufrad aus.
2. Finden Sie eine geeignete Stufe (z. B. einen Bordstein), auf den das Laufrad gelegt werden kann, sodass die Achse nicht den Boden berührt. Legen Sie das Rad so auf die Stufe, dass der am stärksten beschädigte Bereich der Verformung an der höheren Seite nach unten zeigt.
3. Drücken Sie vorsichtig, aber mit Kraft die 90° versetzt zum verbogenen Bereich liegen Bereiche der Felge herunter, bis die Felge einigermaßen gerade ist.
4. Montieren Sie das Laufrad in seine Aufnahmen und führen Sie eine Rundlauf-Überprüfung durch (siehe oben). Spannen Sie die Speichen, um eine möglichst gute Zentrierung zu erreichen.
5. Fahren Sie vorsichtig nach Hause und kontrollieren Sie dort das Laufrad sehr sorgfältig, um eine Entscheidung treffen zu können, ob es repariert werden kann oder ersetzt werden muss.

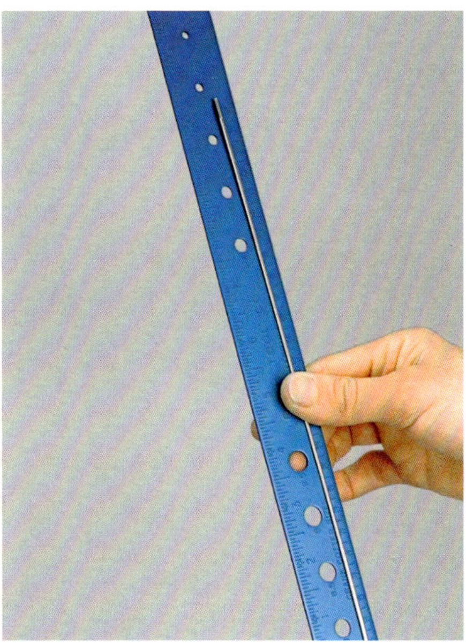
5.10 Einsatz eines Speichenlängenmessers.

Die Speichen

Speichen gibt es in vielen verschiedenen Längen und Durchmessern, die zu vielen Naben/Felgen-Kombinationen und Speichenmustern passen. Ihre Länge wird von der Innenseite des Speichenbogens bis zum Gewindeende gemessen. Auch die Form, der Querschnitt und der Durchmesser unterscheiden sich zwischen den ver-

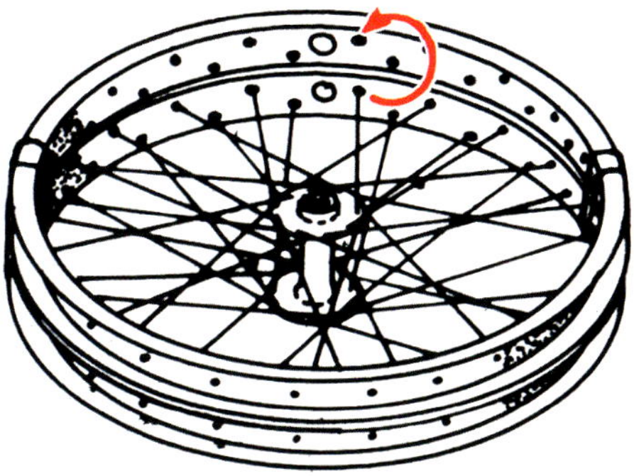

5.11 So kann man Speichen von einer Felge zur anderen »übertragen«.
5.12 Die Umsetzung der Speichen von einer Felge zur anderen (rechts).

schiedenen Ausführungen. Speichen und Speichennippel müssen zueinander passende Gewinde haben.

Heutzutage sind die meisten Speichen aus Edelstahl gefertigt. Oft haben sie in unterschiedlichen Bereichen verschiedene Durchmesser, wobei die Enden wegen ihrer höheren Belastung etwas stärker als der mittlere Bereich ausgeführt werden – sog. Doppeldickend- (DD) Speichen. Dies sorgt sowohl für geringeres Gewicht wie auch für erhöhte Flexibilität.

Austausch einzelner Speichen

Wenn eine oder mehrere Speichen gebrochen sind (meistens im Bereich des Speichenbogens am in der Radnabe steckenden Kopf), müssen sie so rasch wie möglich ersetzt werden, da ansonsten die Gefahr besteht, dass bald weitere Speichen brechen. Die Arbeit muss bei ausgebautem Laufrad geschehen.

Anmerkungen

Um Zugang zur Speichenbohrung in der Radnabe zu erhalten, müssen ggf. die Bremsscheibe und der Zahnkranz (Hinterrad) entfernt werden – beachten Sie hierzu die Kapitel 8 und 9.

Bei manchen Felgen sind die Speichenbohrungen nicht mit Verstärkungshülsen ausgerüstet, sodass zwischen der Felge und dem Speichennippel eine kleine Scheibe liegen muss – vergessen Sie diese beim Austausch der Speiche nicht.

Werkzeug und Ausrüstung

- Speichenschlüssel
- Lappen und etwas Schmierstoff
- Eventuell Montierhebel und Luftpumpe

Prozedur

1. Entfernen Sie die Reste der alten Speiche(n), drehen Sie die äußeren Teile aus den Nippeln.
2. Besorgen Sie eine Speiche mit den exakt gleichen Maßen (Länge, Durchmesser,

Kröpfung des Kopfes) wie das Original – besonders an Hinterrädern können die Speichen der rechten und linken Seite geringfügig voneinander abweichen.

Falls die Speiche sehr locker im Nippel sitzt, sollte auch dieser ausgetauscht werden – dazu müssen der Reifen, der Schlauch und das Felgenband in diesem Bereich beiseite genommen werden (siehe Kapitel 4). Stecken Sie den neuen Nippel in die Felge und montieren Sie alles wieder.

3. Kontrollieren Sie, wie die Speiche in der übernächsten Nabenbohrung sitzt – mit dem Nippel nach innen oder nach außen und an den Kreuzungen zu anderen Speichen oben- oder untenliegend.
4. Ölen Sie das Speichengewinde etwas und führen Sie die Speiche wie in Schritt 3 notiert durch die Nabe und die anderen Speichen, ohne sie dabei übermäßig zu verbiegen.

   Stecken Sie die Speiche schließlich in den Nippel und drehen Sie diesen auf das Gewinde, bis die Speiche die gleiche Spannung hat wie die anderen Speichen auf dieser Seite des Laufrades.
5. Führen Sie eine Rundlauf-Überprüfung durch und zentrieren Sie das Rad (siehe oben).

Speichen/Felge ersetzen

Dies ist eine Aufgabe, die entweder viel Erfahrung oder viel Zeit (bis man genug Erfahrung hat) erfordert. Aus diesem Grund empfehle ich die relativ simple Prozedur

5.13 *Rundlauf-Überprüfung eines Laufrades.*

5.14 *Laufrad mit dreifach gekreuztem Speichenmuster.*

des Umhängens der Speichen von der alten Felge in die neue.
Dies funktioniert jedoch nur, wenn die Felge durch ein identisches Neuteil ersetzt wird (sodass die Speichen nicht durch neue ersetzt werden müssen).
Falls auch die Speichen und/oder die Radnabe ersetzt werden sollen, rate ich dazu, den Austausch einer Fachwerkstatt zu überlassen. Bevor man mit der Arbeit beginnt, müssen das Rad ausgebaut (siehe Kapitel 3) und der Reifen samt Schlauch abgezogen werden (siehe Kapitel 4).

Werkzeug und Ausrüstung

- Speichenschlüssel
- Möglichst ein Zentrierständer, doch ist die Arbeit auch bei auf dem Kopf stehendem Fahrrad möglich.
- Klebeband
- Lappen und Schmierstoff
- Kriechöl

Prozedur

1. Demontieren Sie nötigenfalls die Bremsscheibe und/oder den Zahnkranz (siehe Kapitel 8 und 9).
2. Legen Sie die neue Felge auf die alte und richten Sie die Ventilbohrungen übereinander aus. Prüfen Sie, ob Größe, Tiefe und Bohrungsmuster der neuen Felge wirklich perfekt den Maßen der alten Felge entsprechen.
3. Kleben Sie die beiden Felgen an zwei oder drei Stellen zwischen zwei Speichen mit Klebeband zusammen.
4. Beginnen Sie an der Speiche neben dem Ventilloch damit, den Nippel zu abzuschrauben. Ölen Sie das Gewinde der Speiche, installieren Sie den Nippel in die neue Felge und drehen Sie ihn auf die dorthin versetzte Speiche – wenn er sich schwer drehen lässt, müssen die Gewinde zunächst mit etwas Kriechöl eingesprüht werden; danach zwei bis drei Minuten warten. Wiederholen Sie dies nach und nach mit den benachbarten Speichen.
5. Wenn alle Speichen mit der neuen Felge verbunden sind, wird die alte Felge gelöst und das Rad auf seitlichen und radialen Verzug kontrolliert und entsprechend zentriert (siehe oben).

5.15 Prüfen Sie die Speichenspannung, nachdem die Nippel vollständig angezogen wurden.

6 Radnaben

Im letzten der sich mit den verschiedenen Aspekten der Mountainbike-Laufräder beschäftigenden Kapitel geht es um die Wartung des zentralen Bauteils jedes Rades, der Radnabe.

Die Radnabe besteht aus der Achse, einem Satz Kugellager und dem Nabengehäuse. Das Gehäuse hat seitliche Flansche, in welche die Speichenlöcher gebohrt sind. Schnellspanner-Naben haben Hohlachsen, während die per Muttern gesicherten Achsen massiv sind.

Bei den Kugellagern handelt es sich entweder um einstellbare Konuskugellager oder um abgedichtete Patronenlager. Das Nabengehäuse besteht normalerweise aus Aluminium. Die Anzahl der Speichenbohrungen in beiden Flanschen muss mit derjenigen in der Felge übereinstimmen – nicht immer haben beide Seiten gleich viele Bohrungen.

Die Wartung von Radnaben beinhaltet das Einstellen, das Schmieren und das Überholen oder Ersetzen der Lager, in seltenen Fällen muss auch die Achse ersetzt werden. All diese Arbeiten können erledigt werden, ohne das Laufrad zu zerlegen, während der Austausch des Nabengehäuses eine komplette Zerlegung erfordert.

Radlager kontrollieren

Diese Arbeit sollte bei der jährlichen Wartung erledigt werden – und wann immer man Verschleiß-Symptome wie Schwergängigkeit oder Spiel entdeckt.

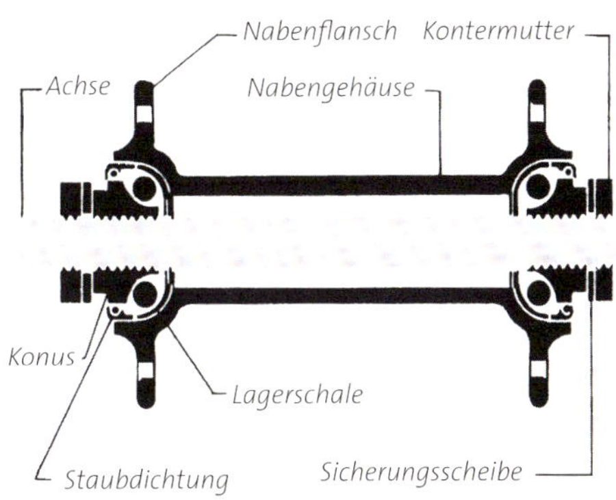

6.1 Eine eingebaute Vorderrad-Nabe (links).
6.2 Details einer konventionellen Radnabe mit Konuskugellagern (oben).

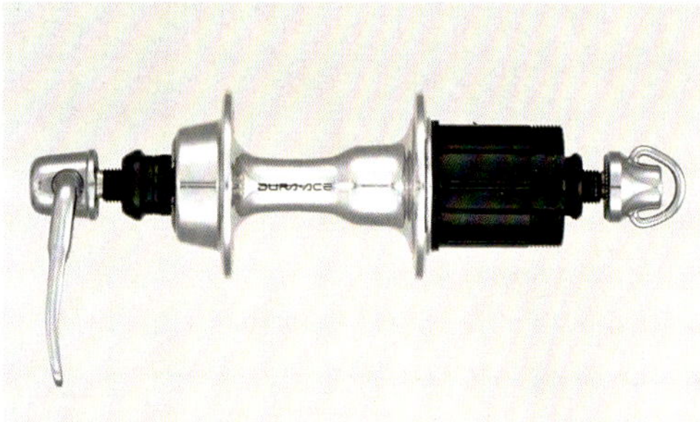

6.3 Typische Hinterradnabe (Shimano).

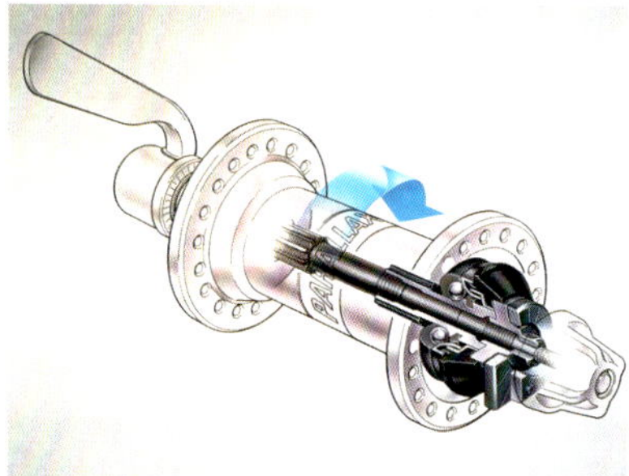

6.4 Schnittzeichnung einer typischen Hinterradnabe (Shimano).

Werkzeug und Ausrüstung

Normalerweise nichts.

Prozedur

1. Das Laufrad wird zunächst nicht aus dem Fahrrad ausgebaut. Prüfen Sie zuerst, ob das Rad fest in der Gabel oder in den Ausfallenden sitzt (siehe Kapitel 3) – nötigenfalls muss es fester angezogen werden.
2. Heben Sie das Fahrrad an, um das Laufrad langsam von Hand drehen zu können – wenn es sich weiterdreht und sich langsam mit dem Ventil nach unten einpendelt, läuft es sanft genug – andernfalls müssen die Lager eingestellt oder ersetzt werden.
3. Prüfen Sie, ob die Lager Spiel haben, indem Sie die Gabel oder den Rahmen festhalten und seitlich an der Felge wackeln. Wenn dabei fühlbares Spiel festgestellt wird, sind die Lager zu locker und müssen eingestellt oder ersetzt werden.

6.5 Reinigen Sie die Nabe.

Radlager einstellen

Diese Prozedur ist nur bei Konuskugellagern möglich – beachten Sie bei Patronenlagern deren Wartungshinweise auf Seite 60.

Werkzeug und Ausrüstung

- Flache Maulschlüssel (Konus-Schlüssel)
- Maul- oder Ringschlüssel für die Kontermutter

6.6 Einstellung eines Konuskugellagers.

Prozedur

1. Bauen Sie das Laufrad aus (siehe Kapitel 3).
2. Falls die Radnabe an den Enden mit Neoprenkappen versehen ist, müssen diese abgehebelt werden, um Zugang zu den Lagern zu erhalten.
3. Halten Sie den Konus einer Seite mit dem Konusschlüssel fest und lockern Sie die darüber sitzende Kontermutter etwa eine volle Umdrehung.
4. Heben Sie die innen mit einer Lasche versehene Scheibe ab, die sich zwischen dem Konus und der Mutter befindet.
5. Stellen Sie das Lager folgendermaßen ein:
   - Falls das Lager zu locker ist, wird der Konus in Schritten von etwa einer achtel Umdrehung angezogen, während die Kontermutter der anderen Seite mit einem Schlüssel gehalten wird.
   - Falls das Lager zu fest sitzt, wird der Konus in Schritten von etwa einer achtel Umdrehung gelockert, während der Konus der anderen Seite mit einem weiteren Konus-Schlüssel gehalten wird.
6. Ziehen Sie die Kontermutter an, während der darunter liegende Konus gehalten wird. Kontrollieren Sie die Einstellung (siehe oben) und wiederholen Sie die Prozedur nötigenfalls, bis sich die Nabe sanft und ohne seitliches Spiel drehen lässt. Falls es nicht möglich ist, einen sanften Lauf einzustellen, muss die Radnabe überholt werden (siehe unten).
7. Montieren Sie das Laufrad (siehe Kapitel 3).

Schmieren und Überholen

Diese Arbeit sollte bei der jährlichen Wartung erledigt werden (siehe Kapitel 2) – oder wenn ein Lagerproblem nicht durch Einstellen (siehe oben) behoben werden kann. Beginnen Sie bei einem Hinterrad mit dem Lager der linken Seite, da dasjenige der Kettenseite zumeist nicht gut zugänglich ist.

Werkzeug und Ausrüstung

- Flache Maulschlüssel (Konus-Schlüssel)
- Maul- oder Ringschlüssel für die Kontermutter
- Ein dünnes, flaches Werkzeug zum Hebeln – kleiner Montierhebel oder breiter Schraubendreher
- Putzlappen
- Lösungsmittel
- Lagerfett

6.7 Einstell-Komponenten eines Konuskugellagers.

6.8 Lockern und Anziehen der Kontermutter gegen den Lagerkonus.

Zerlegung

1. Bauen Sie das Laufrad aus (siehe Kapitel 3) und entfernen Sie den Schnellspanner oder die Achsmuttern samt Scheiben.
2. Halten Sie den Konus einer Seite mit dem Konus-Schlüssel fest und lösen Sie die darüber sitzende Kontermutter.
3. Heben Sie die Sicherungsscheibe ab – beachten Sie die innenliegende Lasche, die in einer Nut der Achse geführt wird. Entfernen Sie auch alle anderen Scheiben, die zwischen dem Konus und der Kontermutter liegen können.
4. Legen Sie das Rad flach hin, sodass die zu bearbeitende Seite oben liegt und die Radnabe auf einem Lappen ruht. Lockern und entfernen Sie den Konus, während Sie den Konus der Unterseite mit einem Konus-Schlüssel halten. Fangen Sie die Kugeln des Lagers in dem Lappen auf und stellen Sie sie sicher.
5. Ziehen Sie die Achse zusammen mit dem unteren Konus und der Kontermutter unten aus der Nabe – wieder werden die Kugeln im Lappen aufgefangen und sichergestellt.

Überholen, Schmieren und Zusammenbau

1. Hebeln Sie vorsichtig alle Staubdichtungen vom Radnaben-Ende – benutzen Sie dafür z.B. einen Kunststoff-Montierhebel, aber möglichst keine Werkzeuge aus Metall.
2. Reinigen Sie sorgfältig alle Teile – die Kugeln, Konusse, die Achse, die Lagerschalen und die Kappen.

3. Begutachten Sie alle Bauteile, besonders die Gleitflächen der Lagerschalen und der Konusse sowie die Kugeln. Ersetzen Sie alle Teile, die Korrosion, Riefen, Ausbrüche und Vertiefungen aufweisen.
4. Rollen Sie die Achse auf einer ebenen Fläche, um zu prüfen, ob sie nicht verzogen ist; bei Beschädigungen muss sie ersetzt werden.
5. Füllen Sie die Lagerschalen mit Lagerfett und drücken Sie die Kugeln hinein (prüfen Sie bei Zweifeln über ihre korrekte Anzahl, wie viele Kugeln maximal in die Schale passen – eine weniger ist die korrekte Anzahl). Installieren Sie anschließend ggf. die Staubdichtungen.
6. Installieren Sie die Achse von der Seite, aus der sie entfernt wurde; führen Sie sie dabei vorsichtig hinein, damit keine Kugeln aus der oberen Lagerschale gedrückt werden.
7. Halten Sie das Ende der Achse, an dem der Konus und die Kontermutter weiterhin montiert waren, und installieren Sie den anderen Konus, bis er fast fest sitzt – es muss weiterhin etwas Lagerspiel bestehen.
8. Legen Sie die Sicherungsscheibe mit der Lasche in die Nut der Achse und installieren Sie alle zuvor zwischen den Konussen und den Kontermuttern vorgefundenen Scheiben.
9. Installieren Sie die Kontermutter und ziehen Sie sie sorgfältig gegen den Konus an.
10. Prüfen Sie, ob die Lager jetzt korrekt eingestellt sind, sodass das Rad sich sanft dreht, aber kein Spiel hat – stellen Sie das Spiel ansonsten wie auf Seite 57 beschrieben ein.
11. Montieren Sie das Laufrad (siehe Kapitel 3).

6.9 Hebeln Sie alle vorhandenen Staubkappen ab.
6.10 Nach dem Entfernen des Konusses werden die Lagerkugeln zugänglich (rechts).

Patronenlager-Wartung

Diese an vielen modernen Fahrrädern verwendeten abgedichteten Radlager benötigen weniger Wartung, weil sie besser gegen eindringenden Schmutz geschützt sind und das Schmiermittel länger darin verbleibt. Um den Schmierstoff z.B. bei der Jahresinspektion zu ersetzen, muss wie folgt vorgegangen werden:

Werkzeug und Ausrüstung

- dünner, flacher Schraubendreher zum Anheben des Dichtrings
- mit SAE 60-Mineralöl gefüllte Spritzflasche
- Montierhebel oder anderes flaches Werkzeug zum Eindrücken des Dichtrings
- Lappen

Prozedur

1. Bauen Sie das Laufrad aus (siehe Kapitel 3).
2. Heben Sie mit dem Schraubendreher den Neopren-Dichtring der zugänglichen Lager an.
3. Während man den Dichtring mit dem Schraubendreher hochhält, wird solange mit der Spritzflasche Mineralöl in das Lager gefüllt, bis es am anderen Ende herauszulaufen beginnt, wo man es mit Lappen aufsaugt und anschließend alles abwischt.
4. Entfernen Sie den Schraubendreher und drücken Sie die Dichtung von Hand oder mit einem flachen Werkzeug in das Lager zurück.
5. Um Zugang zum im Freilauf steckenden rechten Hinterradlager zu erhalten, muss zunächst das linke Lager entfernt werden – eine Aufgabe, die besser einer mit dem nötigen Werkzeug ausgerüsteten Fachwerkstatt überlassen werden sollte.
6. Falls ein Lager verschlissen ist und auch mit neuem Schmiermittel nicht sanft läuft, muss es von einer Fachwerkstatt ausgetauscht werden.
7. Montieren Sie das Laufrad (siehe Kapitel 3).

6.11 Schmieren Sie ein Konuskugellager ausgiebig mit Lagerfett.

6.12 Die mit Lagerfett eingeklebten Lagerkugeln eines Konuskugellagers.

7 Felgenbremsen

Auch wenn Scheibenbremsen immer beliebter werden, haben per Seilzug (oder auch hydraulisch) betätigte Felgenbremsen noch eine Daseinsberechtigung.

Seit Mitte der 1990er-Jahre hat die sogenannte V-Bremse die zuvor an Mountainbikes weitverbreitete Cantilever-Bremse ersetzt, welche hier dennoch ebenfalls behandelt werden soll. Die heute gerne verwendeten Scheibenbremsen werden in Kapitel 8 beschrieben.

Felgenbremsen sind zwar unmodern, deswegen aber nicht schlechter als Scheibenbremsen. Mit der richtigen Wartung, die in diesem Kapitel beschrieben ist, können sie kinetische Energie sogar oft besser in Wärme umsetzen und ableiten als so manche Bremsscheibe.

V-Bremsen

Diese ursprünglich von Shimano entwickelte und mit einem seitlich herangeführten Seilzug versehene »Linearzugbremse« wird heute unter diesem Namen auch von vielen anderen Herstellern verwendet und hat sich bei Mountainbikes mit Seilzugbremsen weitgehend durchgesetzt. Sie besteht aus zwei direkt an der Gabel oder den Sitzstreben gelagerten Bremsbelaghebeln, an die kurz über dem Gelenk die Bremsbeläge montiert sind, und die oben zusammengezogen werden. Dazu wird an einem Hebel das Bremsseil angeklemmt und am anderen Hebel das Winkelröhrchen der Bremszughülle eingehängt. Nachdem die Hebel von Hand zusammengedrückt wurden, lässt sich das Röhrchen leicht aushängen, um das Laufrad ausbauen zu können.

Cantilever-Bremsen

Wie bei der V-Bremse werden auch die Hebel der Cantilever-Bremse direkt an der Gabel oder den Sitzstreben gelagert, sind aber etwas kürzer und ragen ein Stück weit seitlich heraus. Die Hülle des Bremsbowdenzugs sitzt in einem Widerlager an der Sitzstrebe oder am Vorbau. Der Bremszug ist

7.1 Eine per Seilzug betätigte Vorderrad-V-Bremse.

7.2 Nahaufnahme einer V-Bremse.

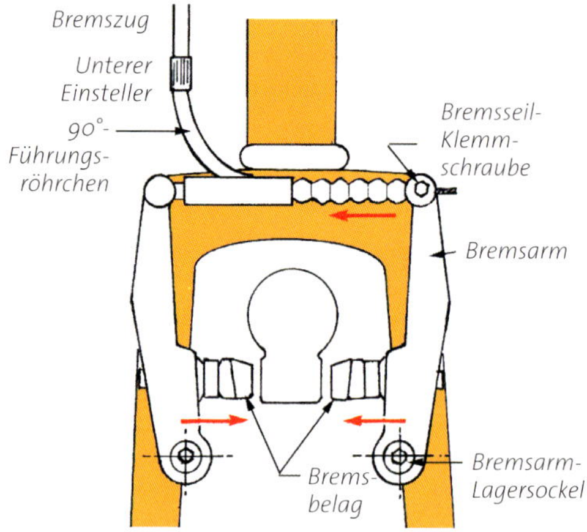

7.3 Funktionsdiagramm einer V-Bremse.

mithilfe eines an einer Ankerplatte eingehängten Verbindungszuges mit den Hebeln verbunden, die so beim Hochziehen des Zuges zusammengezogen werden.

Allgemeine Felgenbremsen-Merkmale

Einige Aspekte haben alle Felgenbremsen gemeinsam – und dies sind die ersten und wichtigsten Punkte, auf die bei der Wartung der Bremsen geachtet werden muss. Bremszug-Einstellungen sind üblicherweise am Ausgang des Bremshebels oder an der Verbindung zur Bremse möglich. Irgendwo befindet sich eine Möglichkeit, den Seilzug oder die Bremszughülle rasch (und ohne Änderungen der Einstellung) auszuhängen, damit das Rad ausgebaut werden kann. Auch die Position der Bremsbeläge zur Felge sowie die Feder zur Bremszugspannung kann justiert werden. Erstere stellt sicher, dass die Beläge gleichmäßig abnutzen und korrekt zugreifen, während Letztere u. a. bestimmt, wie stark die Bremswirkung sein wird. Bei Arbeiten an den Bremsen muss beachtet werden, dass sie als komplettes System behandelt werden, das nicht nur die Bremsen selbst, sondern auch die Bremshebel, die Bremszüge und ihre Befestigungen und Führungen beinhaltet. Selbst der Zustand von Felgen und Speichen kann die Bremsleistung beeinflussen.

Bremsentest

Die Durchführung des monatlichen Bremsentests (oder wann immer man meint, die Wirksamkeit der Bremsen prüfen zu müssen – z. B. vor einer längeren Reise) geht folgendermaßen:

Werkzeug und Ausrüstung
Normalerweise nichts, doch sollte beim Fahrtest bitte ein Helm getragen werden.

7.4 Nahaufnahme einer Cantilever-Bremse.

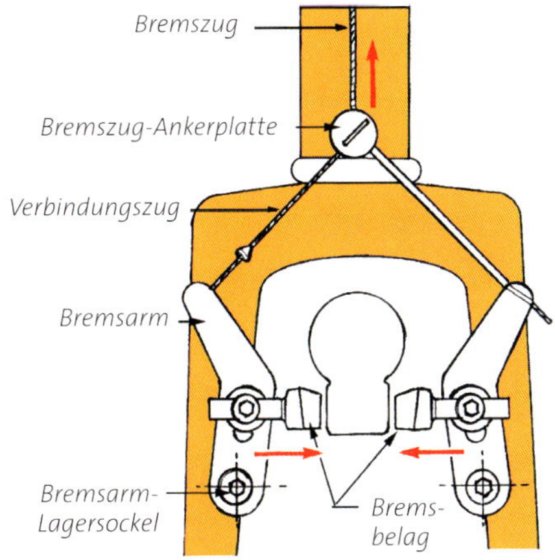

7.5 Funktionsdiagramm einer Cantilever-Bremse.

Prozedur

1. Kontrollieren Sie, ob die Felgen sauber sind; reinigen Sie sie nötigenfalls sanft mit einem Scheuerschwamm und Wasser oder mildem Lösungsmittel, trocknen Sie sie anschließend mit einem trockenen Tuch ab.
2. Überprüfen Sie die Bremsbeläge. Wenn sie stark oder ungleichmäßig verschlissen sind, müssen sie ersetzt werden.
3. Prüfen Sie, ob die Bremsarme fest an der Gabel bzw. den Streben sitzen. Kontrollieren Sie, ob die Bremszüge fest verankert und nicht geknickt sind. Die Hüllen dürfen nicht gebrochen und die Züge nicht ausgefranst sein. Die Bremshebel müssen fest und gut erreichbar mit dem Lenker verbunden sein.
4. Alle Bremsbeläge müssen parallel zu den Felgen stehen und etwa 1–2 mm Abstand zum oberen Rand haben – korrigieren Sie nötigenfalls die Bremseneinstellung, wie ab Seite 64 beschrieben.
5. Die Bremsbeläge müssen die Felge fest umgreifen, wenn die Bremshebel bis etwa 2 cm gegen den Lenker gezogen sind.
6. Setzen Sie sich auf das Fahrrad und bringen Sie es auf einer ebenen asphaltierten Fläche (z.B. einem leeren Parkplatz) auf zügiges Fußgängertempo (6–7 km/h). Beim tatsächlichen Test muss eine gerade Linie gefahren werden.

Vorderradbremsen-Test

Betätigen Sie den linken Bremshebel mit schrittweise zunehmender Kraft. Wenn das Fahrrad bei kräftig gezogener Bremse hinten abzuheben beginnt, ist die Bremswirkung korrekt. (Nach dem Anheben des Hecks muss die Bremse unverzüglich wieder gelöst werden, um keinen Sturz zu riskieren.)

Falls sich das Fahrrad nicht hinten anheben lässt, ist die Bremswirkung unzureichend – folgen Sie der Prozedur zum Einstellen der Bremse (siehe unten).

Falls die Vorderradbremse sehr giftig ist und das Fahrrad rasch zu überschlagen

7.6 So müssen die Bremsbeläge gegen die Felge drücken (links).
7.7 Ein typischer Bremshebel (oben).

droht, muss die Bremse ebenfalls neu eingestellt werden (siehe unten). Auch wenn das Fahrrad oder nur die Bremse beim Betätigen zu vibrieren, zu rumpeln oder zu quietschen beginnt, muss die Einstellung überprüft werden (siehe unten). Wenn das Betätigen der Bremse übermäßige Kraft am Hebel erfordert, kann an seiner Lagerung oder dem Bremszug ein Problem vorliegen – korrigieren Sie mögliche Probleme mithilfe der entsprechenden Sektionen (siehe unten).

7.8 und 7.9 Zwei historische Mountainbike-Bremsen: Links die Rollnockenbremse, rechts die U-Bremse. Beide Systeme sind nicht schlecht, wurden aber dennoch durch die einfacher aufgebaute V-Bremse und die Scheibenbremse abgelöst.

Hinterradbremsen-Test

Der Test ähnelt dem der Vorderradbremse, nur die Ergebnisse unterscheiden sich etwas. Wenn das Hinterrad blockiert, obwohl der Bremshebel noch mindestens 2 cm Abstand zum Lenker hat, ist die Bremswirkung in Ordnung. Wenn die Bremse so sanft betätigt werden kann, dass die Bremswirkung kurz vor der Blockiergrenze gehalten werden kann, ist die Bremse perfekt abgestimmt.

Bremseneinstellung

Die folgenden Sektionen enthalten Zusammenfassungen der verschiedenen Prozeduren zur Verbesserung der Bremswirkung – falls eine Bremse den Test (siehe

7.10 Einstellen der Bremsbeläge (links).
7.11 Einstellen des Druckpunktes am Bremshebel (oben).

oben) nicht bestanden hat, ist dies ein Beweis, dass etwas nicht korrekt funktioniert und eingestellt werden muss.

Einstellen der Bremsbetätigung

Mit zunehmender Laufleistung verschleißen die Bremsbeläge, längen sich die Bremszüge und verschleißen die Lager der verschiedenen Komponenten, sodass der Druckpunkt, an dem der Bremshebel die Bremse aktiviert, immer weiter in Richtung Lenker wandert und keine ausreichende Kraft mehr darauf ausgeübt werden kann. Sobald die maximale Bremswirkung nicht erreicht werden kann, während der Abstand des Hebels zum Lenker noch mindestens 2 cm beträgt, muss die Betätigung neu eingestellt werden.

Werkzeug und Ausrüstung

Normalerweise nichts, doch eventuell wird ein Schlüssel für die Seilzug-Klemmschraube an der Bremse benötigt.

Prozedur

1. Finden Sie heraus, wo sich der Einsteller der entsprechenden Bremse befindet – bei Mountainbikes üblicherweise dort, wo der Bremszug den Bremshebelhalter verlässt. Die meisten modernen Einsteller sind ohne Konterring ausgeführt, bei älteren Modellen kann der Einsteller mit einem gegen den Bremshebelhalter gedrehten Konterring gesichert sein.
2. Finden Sie heraus, wo der Schnellöffner des Bremszuges sitzt – aber lösen oder öffnen Sie ihn noch nicht. Bei den meisten Straßenrädern sitzt er am Bremsarm, an dem auch der Bremszugnippel angeschlossen ist. Bei Cantilever-Bremsen werden die Bremsarme zusammengedrückt, dann wird der Nippel des Verbindungszuges unten ausgehängt. Bei V-Bremsen wird nach dem Zusammendrücken der Bremsarme das gebogene Röhrchen aus dem angelenkten Halter des einen Bremsarms ausgehängt.

7.12 Zum Befreien des Bremszuges muss der Bremshebel gezogen werden.

3. Bei einer Bremse ohne Einsteller-Konterring muss zunächst der Schnellöffner des Bremszuges gelöst werden, um den Zug zu entspannen. Drehen Sie dann den Einsteller etwa eine Umdrehung aus dem Bremshebelhalter heraus (um den Bremspunkt weiter vom Lenker zu entfernen) oder hinein (um ihn näher an den Lenker zu bringen). Schließen oder verbinden Sie den Schnellöffner des Bremsseils, testen Sie die Bremse und wiederholen Sie die Prozedur nötigenfalls.
4. Bei einer Bremse mit Einsteller-Konterring muss dieser einige Umdrehungen gelockert werden; dies kann üblicherweise von Hand und ohne Werkzeuge geschehen.
5. Drehen Sie den Einsteller je nach Wunsch aus dem Bremshebelhalter heraus, um den Bremspunkt weiter vom Lenker zu entfernen, oder hinein, um ihn näher an den Lenker zu bringen.
6. Halten Sie den Einsteller mit einer Hand und drehen Sie den Konterring gegen den Halter. Testen Sie die Bremse und wiederholen Sie die Prozedur nötigenfalls.
7. Wenn der Einstellbereich nicht ausreicht, um ein zufriedenstellendes Ergebnis zu erzielen, muss der Bremszug am unteren Ende neu eingeklemmt werden. Lösen oder öffnen Sie den Schnellöffner (oder hängen Sie den Zug aus), lockern Sie ggf. den Konterring des Einstellers und drehen Sie diesen vollständig in den Bremshebelhalter, um maximales Bremszug-Spiel zu erhalten.
   Lockern Sie die Schraube oder Mutter, mit der das untere Ende des Bremszugs am Bremshebel gesichert ist, um etwa eine volle Umdrehung. Ziehen Sie mithilfe einer Spitzzange den Bremszug etwa einen Zentimeter weiter heraus und ziehen Sie die Schraube oder Mutter wieder an.
8. Hängen Sie den Schnellöffner wieder ein oder schließen Sie ihn an. Dann wird die Bremse, wie in den Schritten 4 bis 6 beschrieben, korrekt eingestellt.

Einstellen der Bremsbeläge

Wenn die Bremsbeläge nicht korrekt an der Felge anliegen oder bei gezogener Bremse nicht 1–2 mm Abstand zum Reifen haben, müssen sie wie folgt eingestellt werden.

Werkzeug und Ausrüstung

- Passende Schrauben- und Inbusschlüssel

Prozedur

1. Halten Sie den Bremsbelag mit einer Hand und lockern Sie die Schraube oder Mutter, die ihn am Bremsarm sichert, etwa eine Umdrehung – gerade genug,

damit der Belag mit kontrollierten Bewegungen in die richtige Position gebracht werden kann.

2. Während die Bremse gezogen wird, um die Beläge an die Felge anzulegen, werden diese korrekt ausgerichtet und in dieser Position festgehalten.
3. Während die Bremsbeläge festgehalten werden, wird der Bremshebel wieder gelöst, um die zweite Hand freizubekommen und die Schraube oder Mutter wieder anziehen zu können und so den Belag am Hebel zu sichern.
4. Wenn beide Beläge einer Bremse korrekt ausgerichtet sind, muss eventuell die Bremsenbetätigung neu eingestellt werden (siehe oben).

7.13 Einklemmen des Bremsseils in einer V-Bremse.

Schräg stehende Bremsbeläge

Das vordere Ende jedes Bremsbelages (die »ablaufende« Seite) sollte möglichst zuerst die Felge berühren, während der gesamte Bremsbelag nur anliegt, wenn mehr Bremskraft benötigt wird. Dies wird durch das Einstellen des sog. »Toeing-in« erledigt, das unter Bremsenquietschen (siehe unten) beschrieben ist.

Zentrieren der Bremse

Diese Arbeit wird nötig, falls ein Bremsbelag vor dem anderen die Felge berührt oder sogar während der Fahrt daran schleift.

Je nach Bremsentyp wird man eine oder zwei kleine Madenschrauben finden, die im Bereich der Lagersockel seitlich in den Bremsarmen stecken. Beobachten Sie, was geschieht, wenn Sie diese Schraube(n) lockern oder anziehen. Bringen Sie die Schraube(n) in eine Position, in der sich

7.14 Aus- und Einbau eines V-Bremsen-Bremsarms (folgen Sie der gleichen Prozedur bei einer Cantilever-Bremse).

beide Bremsbeläge möglichst synchron bewegen lassen. Prüfen Sie anschließend, ob die Bremse korrekt funktioniert, und führen Sie nötigenfalls eine Feineinstellung durch.

Ist keine solche Schraube vorhanden oder lässt sich das gewünschte Ergebnis nicht erreichen, muss (zumindest im Falle älterer Rennradbremsen) die gesamte Bremse ein Stück gedreht werden. Dies geschieht entweder mit einem kleinen dünnen Maulschlüssel, der auf die Abflachung der Befestigungsschraube gesteckt wird, oder man löst die Befestigungsschraube, richtet die Bremse korrekt aus, betätigt den Bremshebel und ziehen die Schraube wieder an.

Bei Cantilever- und V-Bremsen kann eine ungleichmäßige Funktion durch ungleichmäßige Federspannung an den Bremsarmen auftreten. Um dies zu korrigieren, muss der Hebel demontiert (siehe Bremsen überholen – S. 70) und eine oder beide Federn in ein anderes Loch am Lagersockel eingehängt werden (falls vorhanden). Nötigenfalls muss eine Feder mit einer Zange weiter vorgespannt werden. Montieren Sie den Bremsarm wieder und führen Sie Feineinstellungen mit den Madenschrauben durch.

7.15 Vorspann-Löcher für die Bremsarm-Feder.

Bremsenquietschen

Manchmal erzeugen korrekt funktionierende Bremsen heftige Quietschgeräusche. Vielleicht kann man damit leben, doch oft kann man sie auch beseitigen. Dies ist beispielsweise möglich, wenn die Beläge so an den Hebeln montiert sind, dass sie sich nicht nur um die Achse der Befestigungsschraube bewegen lassen.

Falls sich die Beläge seitlich verschwenken lassen, sollten sie so eingestellt werden, dass das vordere Ende jedes Bremsbelages (die ablaufende Seite) zuerst die Felge berühren, während das hintere Ende (die auflaufende Seite) noch etwa 2 mm Abstand hat. Dieser Zustand wird auch als »Toe-In« bezeichnet. Bringt dies nichts, kann auch »Toe-Out« eingestellt werden, bei der das hintere Ende des Belages zuerst die Felge berührt. Bringt auch dies nichts, sollte wieder die Position gewählt werden, in welcher die Beläge parallel zur Felge liegen.

Rumpeln und Vibrationen

Wenn beim Bremsen rumpelnde Geräusche auftreten oder das gesamte Fahrrad zu vibrieren beginnt, kann dies an einer ungleichmäßig verschmutzten Felge liegen, auf der die Bremsbeläge keinen guten durchgängigen Kontakt haben. Zunächst sollten die Felgen also sorgfältig gereinigt und getrocknet werden.

Wird das Problem hiermit nicht beseitigt, wird irgendwo am Fahrrad etwas locker sein, das besser angezogen werden sollte. Suchen Sie zuerst an der Bremse selbst. Kontrollieren Sie alle Befestigungen und Lagerpunkte. Manchmal sind auch andere Bauteile locker – beispielsweise der Steuersatz (siehe Kapitel 13).

Bremszüge ersetzen

Falls das Betätigen der Bremsen trotz hoher Kräfte nur zu geringer Bremswirkung führt, liegt das Problem wahrscheinlich in den Bremszügen, die geknickt, verschmutzt oder korrodiert sein können. Auch einzelne gerissene Drähte oder beschädigte Hüllen können für eine schlechte Kraftübertragung sorgen. Inspizieren Sie den gesamten Bremszug auf sichtbare Schäden und ersetzen Sie ihn, falls Reinigen und Schmieren nichts bringt. Kaufen Sie einen Ersatz-Bowdenzug, der mindestens die gleiche Länge wie das Originalteil hat und am Bremshebelende mit einem identischen Nippel ausgerüstet ist.

7.16 Aus- und Einbau eines Bremshebelhalters.

Werkzeug und Ausrüstung

- Schlüssel für die Klemmschraube am Bremsarm
- Spitzzange
- Schmiermittel
- Lappen
- Seitenschneider

Prozedur

1. Lockern Sie die Schraube oder Mutter, mit der das untere Ende des Bremszugs am Bremshebel gesichert ist.
2. Ziehen Sie die Bremse und lösen Sie sie wieder, befreien Sie dabei den Bremszug aus allen Führungen. Stellen Sie alle Hüllen sicher und passen Sie auf, dass keine Hülsen verloren gehen, die auf ihren Enden stecken.
   Bei Mountainbike-Bremshebeln lassen sich die Bremszüge normalerweise leicht aushängen, nachdem ihre Einsteller und Konterringe mit den Öffnungen zu derjenigen der Bremshebelhalter ausgerichtet wurden.
3. Schmieren Sie die neuen Zugseile vor dem Einbau mit Wachs oder Fett, das auf einem Lappen aufgetragen wurde.
4. Ziehen Sie den Bremshebel und finden Sie den Sitz des Bremsseilnippels, um

7.17 Spezialbremshebel mit einer Widerstandslasche für die Downhill-Bremsenkontrolle.

diesen zu installieren (hierzu müssen die Innereien des Hebels etwas zu dem Punkt gewackelt und verdreht werden, wo der Nippel gehalten wird).
Der Bremszug kann üblicherweise in den Hebel eingehängt werden, nachdem ihre Einsteller und Konterringe mit den Öffnungen zu denjenigen der Bremshebelhalter ausgerichtet wurden.

5. Verlegen Sie das Bremsseil durch die verschiedenen Sektionen der Hülle und vergessen Sie nicht, die Hülsen an allen Widerlagern sowie am Hebel und der Bremse einzusetzen.
6. Klemmen Sie das untere Ende des Bremsseils am Bremsarm ein, nachdem Sie es mit der Spitzzange strammgezogen haben.
7. Stellen Sie die Bremse provisorisch ein und führen Sie einen Funktionstest durch – alle endgültigen Einstellungen werden anschließend entsprechend der auf den Seiten 64 bis 66 gegebenen Hinweise durchgeführt.

Bremshebel ersetzen

Dies ist wahrscheinlich nur nötig, nachdem man mit dem Fahrrad gestürzt ist oder einen Unfall hatte. Bevor der Bremshebelhalter entfernt werden kann, muss das Griffgummi abgezogen werden.

Werkzeug und Ausrüstung

- Schlüssel für die Bremshebelhalter-Befestigungsschraube
- Spitzzange
- Schlüssel für die Klemmschraube am Bremsarm

Prozedur

1. Hängen Sie den Bremszug aus (s. oben).
2. Finden Sie die Befestigungsschraube des Bremshebelhalters. Falls sie nicht von außen sichtbar ist, wird sie bei konventionellen Bremshebeln vielleicht von innen zugänglich sein, nachdem die Bremse gezogen ist, oder unter einer Gummiabdeckung versteckt sein (bei den meisten integrierten Brems/Schalthebeln). Lockern Sie die Schraube weit genug, bis der Hebelhalter vom Lenker gezogen werden kann.
3. Lockern Sie die Schraube des Ersatz-Bremshebelhaltes gerade so weit, dass der Halter über den Lenker geschoben werden kann – drehen Sie die Schraube nicht ganz heraus, da es sehr schwierig werden kann, die verschiedenen dadurch gelösten Bauteile wieder zusammenzubekommen.
4. Bringen Sie den Hebel am Lenker in eine Position, die während der Fahrt gut erreichbar ist (Arm und Hand sollten bei auf den Hebel aufgelegten Fingern eine Linie bilden). Richten Sie sich nötigenfalls bei der Ausrichtung nach der Position des anderen Bremshebels.
5. Ziehen Sie die Befestigungsschraube so fest an, dass der Hebel in der gewünschten Position bleibt. Nicht all zu festes Anziehen kann helfen, dass der Bremshebel bei einem Sturz nicht abbricht, sondern nur der Halter am Lenker verdreht wird.
6. Installieren Sie den Bremszug (siehe Seite 69). Prüfen Sie die Funktion der Bremse und führen Sie eine Feineinstellung durch (siehe Seite 64).

Überholen der Bremsen

1. Hängen Sie den Bremszug aus oder öffnen Sie den Schnellverschluss (s. oben).
2. Lösen Sie die Bremszug-Klemmschraube.
3. Lösen Sie die Schrauben, mit denen die Bremsarme an den Lagersockel der Gabel oder der Sitzstrebe gesichert sind. Demontieren Sie die Bremsbeläge von den Hebeln.
4. Entfernen Sie alle anderen Komponenten einschließlich aller Federn, Hülsen und Scheiben.
5. Reinigen und inspizieren Sie alle Bauteile auf ihren Zustand und ersetzen Sie verschlissene oder schadhafte Dinge.
6. Schmieren Sie alle Kontaktstellen und versehen Sie die Oberflächen mit Wachs, bevor alles wieder zusammengebaut wird.

   Bei vielen Cantilever- und V-Bremsen gibt es an den Bremsarm-Lagersockeln drei Löcher, in die das Ende der Feder gesteckt werden kann, um sie vorzuspannen. Stecken Sie sie zuerst in die mittlere Bohrung. Wenn sich nach der Montage der Bremse herausstellt, dass die Bremse nicht zentriert und synchronisiert werden kann (Seite 67), wird die Befestigung wieder gelöst und der Hebel abgezogen, um die Feder (je nachdem, ob die Spannung verringert oder erhöht werden muss), in eines der anderen Löcher zu stecken.
7. Schließen Sie den Bremszug wieder an, hängen Sie den Schnellöffner wieder ein und stellen Sie den Zug ein (siehe Seite 66).
8. Prüfen Sie die Funktion der Bremse und führen Sie eine Feineinstellung durch (siehe Seite 64).

Hydraulische Felgenbremse

Hydraulische Bremssysteme finden sich meistens an Scheibenbremsen. Aber von Magura gibt es auch hervorragende hydraulische Felgenbremsen. Die Abbildungen 7.18 bis 7.26 geben einen Funktionsüberblick und zeigen einige Wartungs-Informationen. Details über Hydraulikkomponenten finden sich in Kapitel 8.

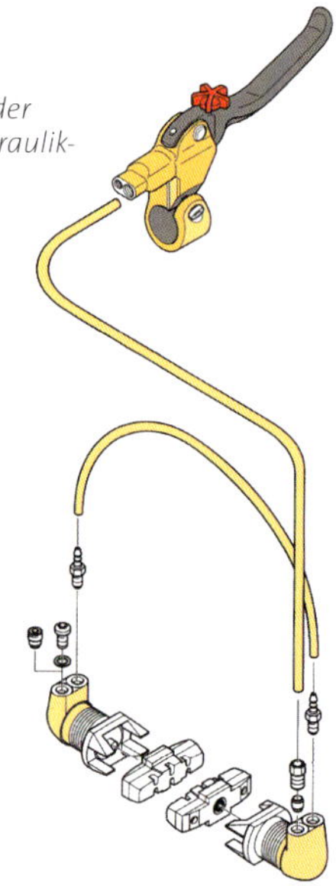

7.20 Anschlussdiagramm der Bremsleitungen einer Hydraulik-Felgenbremse.

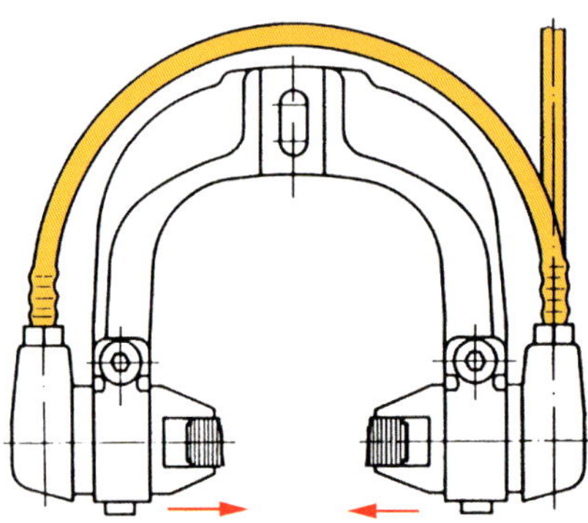

7.18 Eine hydraulisch betätigte Felgenbremse (oben).
7.19 Funktionsdiagramm einer Hydraulik-Felgenbremse (unten).

7.21 und 7.22 Festigkeitskontrolle der Bremsleitungsanschlüsse

7.23 Griffweitenverstellung eines Hydraulik-Bremshebels (oben).
7.24 Einstellen des Belagverschleißausgleichs mithilfe eines Inbusschlüssels (unten).

7.25 Öffnen des Schnellspanners einer Hydraulik-Felgenbremse (oben).
7.26 Montage eines Hydraulik-Bremshebels (unten).

8 Scheibenbremsen

Anfangs nur bei Downhill-Mountainbikes verwendet, sind Scheibenbremsanlagen heute bei vielen Mountainbikes aller Preisklassen verbreitet. Dieses Kapitel behandelt den Einbau und die Wartung dieser Bremssysteme sowie ihrer Hydrauliksysteme.

Funktionsprinzip

Im Wesentlichen funktioniert eine Scheibenbremse genauso wie eine Felgenbremse, nur das die Bremsbeläge eben nicht die Felge, sondern eine an der Radnabe montierte Stahlscheibe in die Zange nehmen. Die zwei Bremsbeläge werden in einem an der Gabel oder am Ausfallende montierten Bremssattel geführt und (zumeist hydraulisch) gegen die Scheibe gedrückt. Wie bei der Nabenbremse werden auch durch die Scheibenbremse bei der Übertragung der Bremskräfte zur Felge die Radnabe, die Speichen und ihre Nippel stärker belastet als bei einer Felgenbremse. Unterdimensionierte Bremsscheiben können überhitzen und verziehen oder die Beläge verglasen lassen. Der Vorteil von Scheibenbremsen liegt darin, dass sie wartungsarmer als eine Felgenbremse sind und dass die Felge nicht abgenutzt wird und auf langen Gefällstrecken nicht überhitzen kann.

Scheibenbremsen können sowohl per Bowdenzug oder wie beim Auto oder Motorrad hydraulisch betätigt werden. Letzteres System erfordert natürlich auch eine spezielle Bremsbetätigung und Hydraulikleitungen (»Bremsschläuche«).

Bremsentest

Die Durchführung des monatlichen Bremsentests (oder wann immer man meint, die Wirksamkeit der Bremsen prüfen zu müssen – z. B. vor einer längeren Reise) geht folgendermaßen:

1. Prüfen Sie, ob alle Bauteile (Bremsscheibe, Bremssattel, Bremshebel, Bremsleitungen) fest verbunden und angeschlossen sind und keine Hydraulikflüssigkeit austritt. Bei einer Seilzugbremse darf der Zug nicht geknickt oder ausgefranst sein.

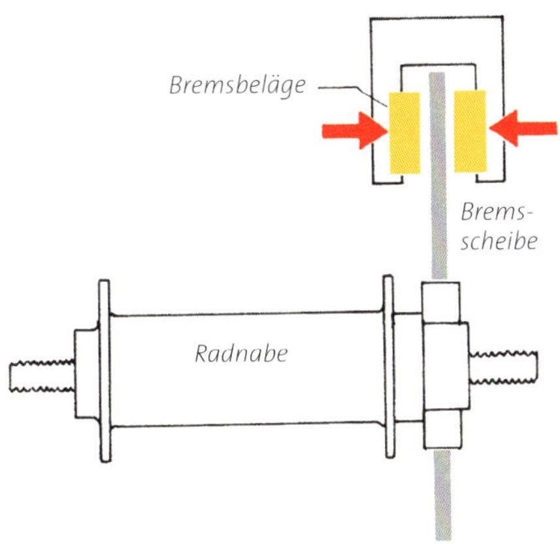

8.1 Funktionsdiagramm einer hydraulischen Scheibenbremse.

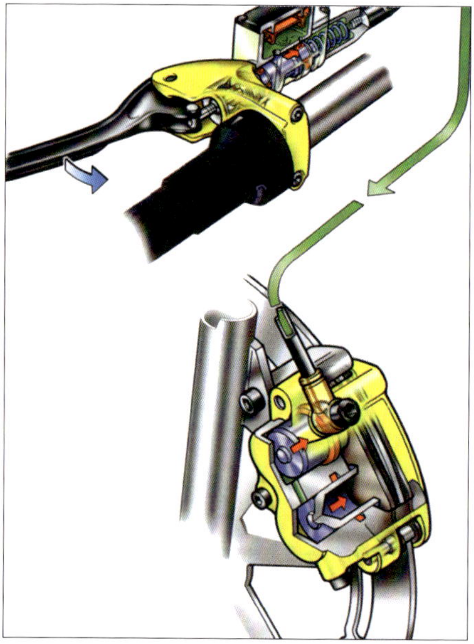

8.2 Einblick in eine typische hydraulische Scheibenbremsanlage (Magura) (oben).
8.3 Eine typische Vorderrad-Scheibenbremse (unten).

2. Betätigen Sie bei langsamer Fahrt die Vorderradbremse zunehmend stärker, bis das Hinterrad abhebt – lösen Sie die Bremse unverzüglich wieder, um nicht zu stürzen.
3. Das Hinterrad muss auf ebenem, trockenen Asphalt leicht zum Blockieren gebracht werden können.
4. Wenn eine Hydraulikbremse nicht wie beschrieben funktioniert, wird wahrscheinlich eingedrungene Luft das Problem sein – folgen Sie den Entlüftungs-Hinweisen auf den Seiten 79 bis 81.
5. Prüfen Sie, ob die Bremshebel korrekt eingestellt und ausgerichtet sind, sodass die Bremskraft möglichst leicht übertragen werden kann.

Bremsscheiben kontrollieren und warten

Die Bremsscheibe sitzt an einer speziell dafür vorbereiteten Radnabe und ist entweder mit flachköpfigen Inbus- oder Torx-Schrauben gesichert. Prüfen Sie mit dem entsprechenden Werkzeug, ob alle Schrauben sorgfältig angezogen sind.

Weder Hydrauliköl noch andere Schmierstoffe dürfen auf die Scheibe gelangen. Entfernen Sie Öl, Fett und Schmutz mit einem in Spiritus oder Bremsenreiniger (aus dem Autozubehör) getränkten Lappen.

Falls die Bremsscheibe am Bremssattel schleift, kann dies nicht an der Bremsscheibe justiert, sondern muss durch die Position des Bremssattels korrigiert werden (siehe unten).

8.4 Prüfen Sie die Festigkeit der Bremssattel-Befestigungen. Dieser Bremssattel sitzt an einer »Standard«-Befestigung mit seitlich eingedrehten Schrauben hinten an der Gabel (vgl. Abb. 8.7).

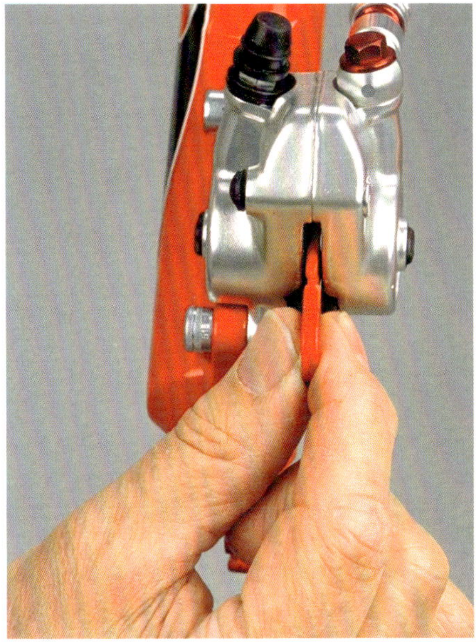

8.5 Wann immer das Laufrad ausgebaut ist, sollte der Protektor zwischen die Bremsbeläge geschoben werden.

Reinigung und Wartung

Werkzeug und Ausrüstung

- Saubere Lappen
- Isopropylalkohol
- Schraubenschlüssel

Prozedur

1. Kontrollieren Sie die Anschlüsse jeder Bremsleitung am Bremshebel und der Bremse auf Undichtigkeiten. Bei Hinweisen auf ausgetretene Flüssigkeit sollte eine Reparatur an diesem sicherheitsrelevantem Bauteil einer Fachwerkstatt überlassen werden, zudem ist der Hobbyschrauber mit seiner Ausrüstung und Fähigkeit schnell überfordert.
2. Reinigen Sie alle Teile mit einem sauberen Lappen und Isopropylalkohol.
3. Prüfen Sie die Festigkeit der Bremsleitungsanschlüsse am Bremshebel und Bremssattel – ziehen Sie sie nur mit den vom Hersteller vorgegebenen Drehmomenten an, da die Gewinde leicht beschädigt werden können.
4. Prüfen Sie die Festigkeit der Bremsscheiben-Schrauben – ziehen Sie sie schrittweise und über Kreuz mit den vom Hersteller vorgegebenen Drehmomenten an, da die Gewinde leicht beschädigt werden können.
5. Reinigen Sie die Bremsscheibe an beiden Seiten mit einem sauberen Lappen und Isopropylalkohol. Falls die Rückseite der

Bremsscheibe schwierig zu erreichen ist, muss sie für die Reinigung demontiert und anschließend wieder sorgfältig angeschraubt werden.

6. Demontieren Sie die Bremsbeläge (siehe Seite 81) und begutachten Sie ihren Verschleiß. Ersetzen Sie die Beläge immer als Satz, wenn das Belagmaterial irgendwo unter 2 mm liegt oder mit Öl kontaminiert ist.

Bremssättel

Die Bremssättel sind an standardisierte Anschlüsse des linken Ausfallendes oder hinten an der Gabel angeschraubt. Die Schrauben müssen sorgfältig angezogen sein. Bei ausgebautem Rad darf die Bremse niemals betätigt werden, da die Kolben dabei zu weit herausgedrückt würden und die Bremsbeläge miteinander verhaken und nur schwer zu trennen wären. Installieren Sie zur Sicherheit immer einen Kunststoff-Protektor, der zusammen mit der Bremse geliefert wird.

Reinigen Sie die Bremsbeläge einmal monatlich mit Schmirgelleinen – oder wenn die Bremse zu quietschen beginnt.

Die Bremsscheibe muss sich exakt in der Mitte zwischen den Bremsbelägen drehen. An einer Seite des Bremssattels befindet sich ein Einstellknopf, der hinein oder herausgedreht werden kann, um die Positionen der Beläge so zu justieren, dass sie in der Ruheposition beide gleich weit von der Scheibe entfernt sind. Weitere Einstellungen erfolgen durch das Hinzufügen oder Wegnehmen von zwischen dem Sattel und den Anschlüssen sitzenden Distanzscheiben an den Befestigungsschrauben.

8.6 Bremsscheiben sind mit fünf oder sechs Inbus- oder Torxschrauben an der Radnabe befestigt. Die Schrauben sind zumeist mit Sicherungspaste versehen.
8.7 Montage eines Bremssattels an einer »Answer/ Manitou«-Befestigung mit von hinten eingedrehten Schrauben an der Gabel (vgl. Abb. 8.4) (rechts).

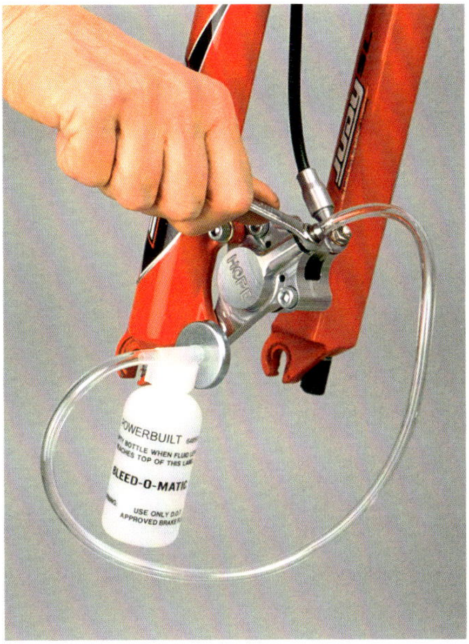

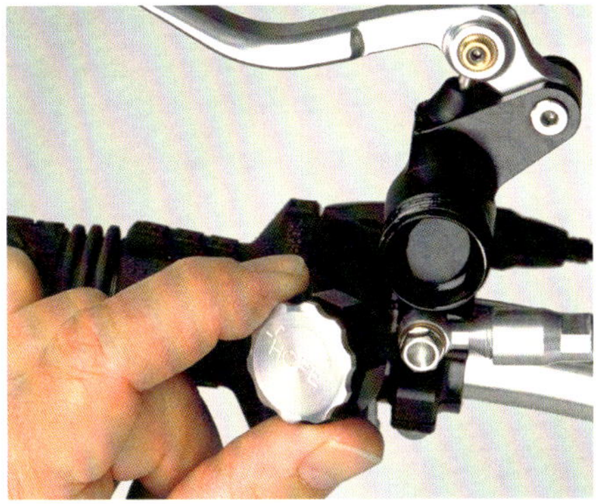

8.8 Anschluss eines Entlüftungsschlauchs am Bremssattel (links).
8.9 Drehen Sie den Ausgleichsbehälter so, dass alle Luftblasen nach oben steigen können (oben).

Es gibt zwei Befestigungsstandards (siehe Abbildungen 8.4 und 8.7), die bei seitlich eingedrehten Schrauben »Standard« und bei von hinten eingedrehten Schrauben »Answer/Manitou« genannt werden. Viele Bremssättel werden mit Adaptern ausgeliefert, um an beiden Anschlüssen montiert werden zu können.

Generell rate ich davon ab, Scheibenbremsen an Fahrräder zu montieren, die ursprünglich nicht damit ausgerüstet waren, da es sehr schwierig werden kann, die Bremsen auf den Rahmen, die Gabel und die Räder abzustimmen.

Bleiben Sie bei der Bremse, mit der das Fahrrad ausgeliefert wurde; und wenn es bereits mit Scheibenbremsen ausgerüstet war, sollten diese nicht durch Komponenten anderer Hersteller verändert werden.

Hydrauliksystem

Falls sich eine Bremse schwammig anfühlt, muss das System entlüftet – also von Lufteinschlüssen befreit – werden. Einmal jährlich sollte die alte Bremsflüssigkeit aus dem System gepumpt und erneuert werden, solange der Hersteller nichts anderes vorschreibt. In den Hydrauliksystemen werden zwei verschiedene Flüssigkeiten verwendet – entweder Bremsflüssigkeit vom Typ »DOT 4« oder Hydrauliköl. Beides ist im Autozubehör oft deutlich billiger erhältlich als im Fahrradladen. Achten Sie darauf, welche Flüssigkeit sich in Ihrer Bremse befindet, da mit der jeweils anderen schnell Dichtungen zerstört werden können.

Werkzeug und Ausrüstung

- Latexhandschuhe

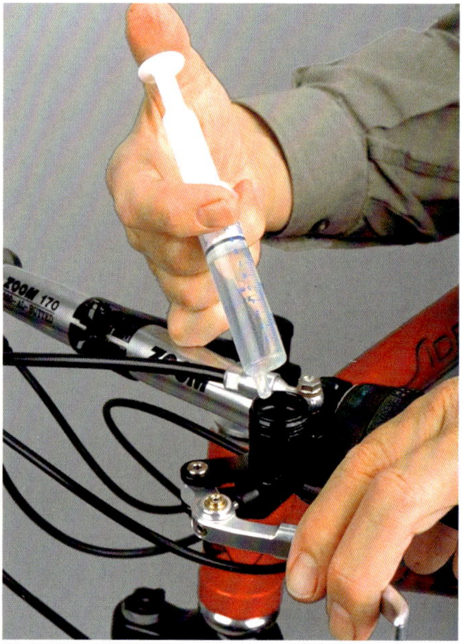

8.10 *Füllen Sie den Ausgleichsbehälter mithilfe einer Einwegspritze mit Bremsflüssigkeit auf.*

8.11 *Ausbau eines Bremsbelags aus dem Bremssattel.*

- ein etwa 30 cm langer transparenter Kunststoffschlauch mit ca. 3 mm Innendurchmesser
- eine kleine Einwegspritze
- eine kleine Plastikflasche
- frische Hydraulikflüssigkeit des korrekten Typs
- ein leeres Marmeladenglas
- Werkzeug zum Öffnen des Ausgleichsbehälters am Bremshebel

Anmerkung

Weil Bremsflüssigkeit giftig und ätzend ist, müssen bei der Arbeit an der Bremshydraulik Latexhandschuhe getragen werden. Die Handschuhe sind anschließend zu entsorgen.

Prozedur

1. Klemmen Sie das Fahrrad so in den Montageständer, dass der Ausgleichsbehälter möglichst den höchsten und der Bremssattel den tiefsten Punkt der Bremsanlage bildet. Drehen Sie den Bremshebelhalter so, dass der Ausgleichsbehälterdeckel horizontal liegt.
2. Lösen Sie die Schrauben des Ausgleichsbehälterdeckels.
3. Schließen Sie den Schlauch an das Entlüftungsventil an und führen Sie ihn im Bogen ins Marmeladenglas. Öffnen Sie dann das Ventil etwa eine Viertelumdrehung.
4. Füllen Sie die Spritze mit Bremsflüssigkeit und beginnen Sie damit, diese in den Ausgleichsbehälter zu füllen, während Sie wiederholt langsam die Bremse betätigen.

5. Beobachten Sie die durch den Schlauch austretende Flüssigkeit. Beim Entlüften dürfen keine Blasen mehr austreten, beim Flüssigkeitswechsel ist die frische Bremsflüssigkeit meist heller als die alte.
6. Verschließen Sie das Entlüftungsventil und den Ausgleichsbehälterdeckel.
7. Prüfen Sie die Funktion der Bremse und wiederholen Sie das Entlüften nötigenfalls, bis ein fester Druckpunkt festgestellt wird.

Bremsbeläge ersetzen

Werkzeug und Ausrüstung

- Spitzzange
- Ersatz-Splinte (falls nötig)

8.12 Legen Sie die neue Bremsscheibe korrekt ausgerichtet (Beschriftung nach außen, Pfeil in Drehrichtung zeigend) auf den gereinigten Flansch.

Ausbau

1. Finden Sie den Clip oder die Splinte, der die Bremsbeläge im Bremssattel sichert.
2. Falls die Beläge mit Splinten gesichert sind, werden deren Enden mit der Spitzzange geradegebogen und dann herausgezogen. Der Clip wird einfach herausgezogen.
3. Heben oder ziehen Sie die Metallplatten heraus, auf die das Belagmaterial geklebt ist.

Einbau

1. Inspizieren Sie die Bremsbeläge und ersetzen Sie sie durch einen identischen Satz, falls das Belagmaterial auf unter 2 mm abgetragen oder verölt ist.
2. Drücken oder schieben Sie die neuen Beläge mit den Metallplatten nach außen und den Bohrungen nach oben in den Sattel.
3. Installieren Sie den Clip oder die neuen Splinte und biegen Sie deren Enden nach außen, um sie zu sichern.
4. Prüfen Sie vor der ersten Fahrt die Funktion der Bremse.

Bremsscheiben ersetzen

Werkzeug und Ausrüstung

- Inbus- oder Torx-Bits samt Drehmomentschlüssel für die Bremsscheibenschrauben

Prozedur

1. Die neue Bremsscheibe muss vom gleichen Hersteller kommen und die gleiche Größe haben wie die Originalscheibe.
2. Bauen Sie das Laufrad aus (siehe Kapitel 3).

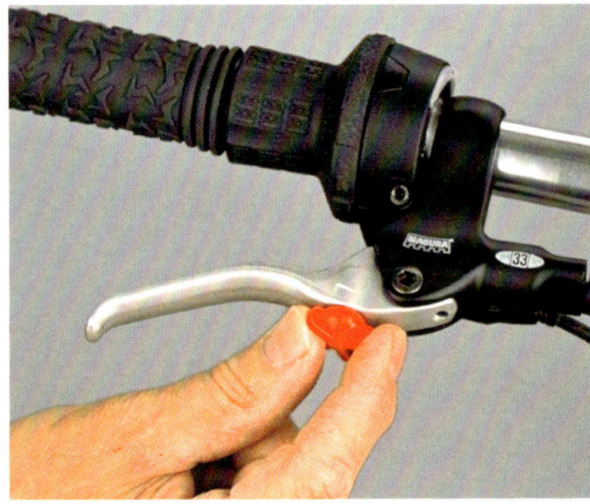

8.13 Griffweitenversteller an einem älteren Magura-Bremshebel.
8.14 Einstellung einer per Seilzug betätigten Scheibenbremse (links).

3. Lockern Sie schrittweise und über Kreuz die Bremsscheibenschrauben, damit die Scheibe nicht verzieht – achten Sie darauf, nicht mit dem Werkzeug abzurutschen.
4. Nehmen Sie die Bremsscheibe ab.
5. Reinigen Sie alle jetzt zugänglichen Teile (siehe Seite 77). Besondere Aufmerksamkeit gilt der Kontaktfläche der Bremsscheibe, da hier vorhandener Schmutz dafür sorgen würde, dass die Scheibe nicht plan aufliegt und so zum Rubbeln führen würde. Reinigen Sie auch die Gewinde der Schrauben – sie sind meistens mit Sicherungspaste (Loctite) versehen, damit sie sich nicht während der Fahrt lockern.
6. Legen Sie die Bremsscheibe mit möglichen Beschriftungen nach außen auf – eventuell findet sich ein eingestanzter Pfeil, der in die normale Drehrichtung zeigen muss. Versehen Sie die Gewinde der Schrauben mit frischer Sicherungspaste (mittelfest) und drehen Sie sie zunächst locker ein.
7. Ziehen Sie die Schrauben jetzt wie folgt an:
   - Ziehen Sie die erste Schraube zunächst handfest an.
   - Ziehen Sie jetzt rundherum jede zweite Schraube handfest an. Wenn die Bremsscheibe mit fünf Schrauben gesichert ist, werden alle Schrauben nach zwei Runden handfest angezogen sein. Bei sechs Schrauben muss nach der ersten Runde mit der nächsten Schraube weitergemacht werden.
   - Ziehen Sie jetzt in der gleichen Reihenfolge die Schrauben mit dem vorgegebenen Drehmoment an.
8. Montieren Sie das Laufrad und prüfen Sie vor der ersten Fahrt die Funktion der Bremse.

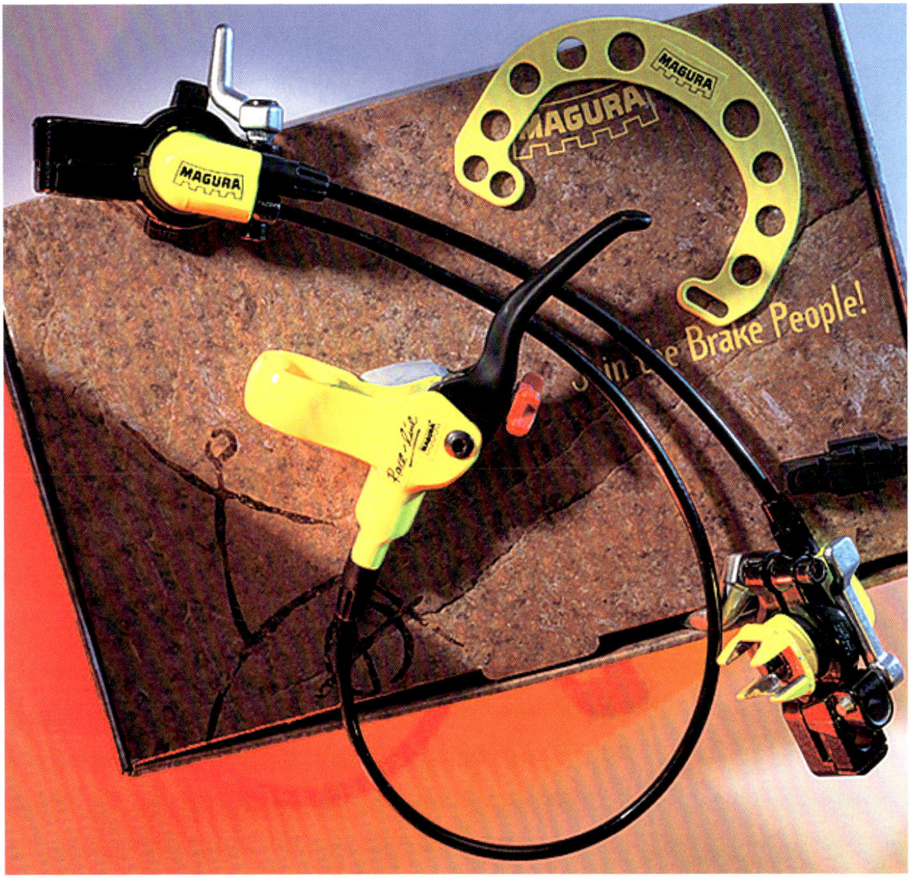

Hydraulik-Bremshebel

Die Bremshebel von hydraulischen Bremsen sind wie diejenigen von Seilzugbremsen mit einer Klemmschraube oder einem Klemmstück und zwei Schrauben am Lenker fixiert (siehe Abb. 7.26).

Achten Sie bei der Demontage darauf, nicht die Schlauchanschlüsse zu beschädigen. Bei vielen Hebeln lassen sich die Griffweite und der Belagverschleiß-Ausgleich einstellen (siehe Abbildungen 7.23 und 7.24).

Seilzug-Scheibenbremsen

Preiswertere Scheibenbremsen werden oft per Seilzug betätigt, was zunächst kein Nachteil sein muss. Zudem sind sie leichter zu montieren und zu warten als Hydrauliksysteme. Arbeiten an Bremszügen und den entsprechenden Hebeln sind in Kapitel 7 beschrieben. Auch die Einstellung der Bremse entspricht im Wesentlichen derjenigen an Seilzug-Felgenbremsen. Die Bremsscheibe selbst unterscheidet sich nicht von derjenigen einer Hydraulikbremse (siehe oben).

CRAFT
CRAFT

9 Gangschaltung

Die meisten Mountainbikes sind mit einer Kettenschaltung ausgerüstet. In diesem Kapitel geht es um deren Wartung. Eine Kettenschaltung besteht aus dem (hinteren) Schaltwerk samt Zahnkranz und dem (vorderen) Umwerfer samt Kettenblättern sowie den entsprechenden Schalthebeln und Bowdenzügen. Nur sehr selten sind Mountainbikes mit Nabenschaltungen ausgerüstet, obwohl sie gerade in diesem Bereich Vorteile haben.

Mit dem Schaltwerk wird eines von normalerweise neun verschieden großen Ritzeln des auf dem Freilauf sitzenden Zahnkranzes ausgewählt, mit dem Umwerfer kann die Kette auf zumeist drei Kettenblätter am Kurbeltrieb gelegt werden – so hat man (theoretisch) 27 Gänge.

Geschaltet wird entweder mit Drehgriffen oder mit unterhalb des Lenkers angebrachten Schalthebeln.

Eine Kettenschaltung muss als Komplettsystem angesehen werden, da ein Problem viele verschiedene Ursachen haben kann, die vom Schaltwerk-Mechanismus über die Bowdenzüge bis hin zu den Schalthebeln reichen können. Tatsächlich sind selbst die Kette und der Zahnkranz oder die Kettenblätter entscheidende Faktoren. Denken Sie bei der Fehlersuche also immer an das gesamte System. Keine der Komponenten erfordert wesentlich andere Wartungsarbeiten, als regelmäßig gereinigt und gelegentlich eingestellt zu werden.

Die Kettenblätter sind zusammen mit den Tretkurbeln in Kapitel 10 beschrieben, alle anderen Bauteile hier. Am Ende dieses Kapitels wird kurz die für Mountainbikes besonders geeignete (und besonders teure) 14-Gang-Nabenschaltung von Rohloff vorgestellt.

Das Schaltwerk

Das am rechten Ausfallende montierte Schaltwerk besteht aus einem Metallkäfig mit zwei kleinen Rädchen, über die die Kette geführt ist; zudem gibt es einen per Feder vorgespannten Parallelogramm-Mechanismus, der den Käfig seitlich verschiebt, um die Kette über das gewünschte Ritzel des Zahnkranzes zu legen. Viele verschiedene Einstellschrauben ragen an un-

9.1 Eine typische Mountainbike-Kettenschaltung.

9.2 Kettenschaltung im höchsten Gang – vorn auf dem großen Kettenblatt, hinten auf dem kleinsten Ritzel.

9.3 Kettenschaltung im niedrigsten Gang – vorn auf dem kleinen Kettenblatt, hinten auf dem größten Ritzel.

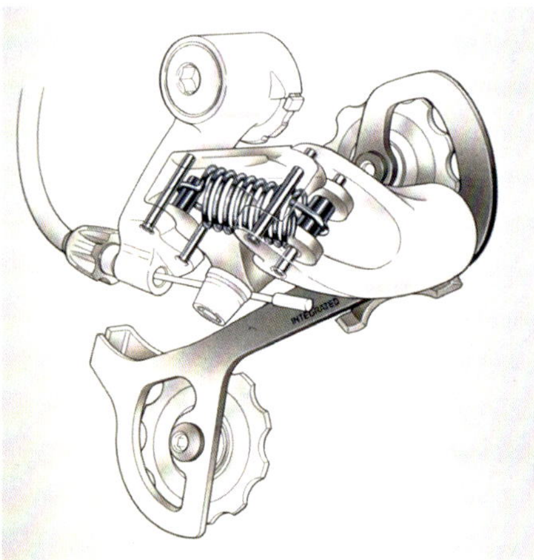

9.4 Querschnitt durch ein Schaltwerk (Shimano).

terschiedlichen Punkten heraus, zudem verfügt der Schaltzug am Widerlager über einen Einsteller.

Die häufigsten Probleme beim Schaltwerk liegen darin, dass die Rastung der Gänge nicht mehr stimmt oder die Kette auf beiden Seiten des Zahnkranzes über das letzte Ritzel hinaus gehoben wird bzw. das kleinste oder größte Ritzel nicht erreicht. Beides lässt sich üblicherweise mit einfachen Einstellarbeiten beseitigen.

- Wird die Kette über das größte oder kleinste Ritzel hinaus gelegt, kann sie zwischen dem kleinsten Ritzel und dem Ausfallende oder zwischen dem größten Ritzel und den Speichen eingeklemmt werden.
- Wenn die Kette nicht auf das größte oder kleinste Ritzel gelegt werden kann, verringert sich der mögliche Übersetzungsbereich.
- Probleme mit der Rastung entstehen, wenn die Kette nicht korrekt zum Kettenkranz ausgerichtet ist, sodass der Gang nicht korrekt eingelegt werden kann und die Kette entweder überspringt oder Geräusche verursacht. Dieses am häufigsten auftretende Problem wird durch Feineinstellungen am Schaltzug behoben.

9.5 Schaltwerk im höchsten Gang – die Kette liegt auf dem kleinsten Ritzel (links).
9.6 Schaltwerk im niedrigsten Gang – die Kette liegt auf dem größten Ritzel (rechts).

9.7 Feineinstellung des Schaltwerks.

9.8 Das Schaltwerk im Einsatz – hier wird die Kette auf ein kleineres Ritzel gelegt.

Schaltwerke einstellen

Wenn sich die Gänge nicht sauber schalten lassen, sollte zuerst der Zustand des Schalt-Bowdenzuges geprüft und dieser nötigenfalls ersetzt werden (siehe Seite 94). Wenn alles in Ordnung ist, kann mit der Einstellung begonnen werden:

Werkzeug und Ausrüstung

Normalerweise nichts (eventuell ein Werkzeug für die Schaltzug-Klemmschraube)

Prozedur

1. Klemmen Sie das Fahrrad möglichst in einen Montageständer oder stellen Sie es auf den Kopf. Legen Sie hinten einen mittleren Gang ein.
2. Prüfen Sie die Funktion des Schaltzugeinstellers am Widerlager des Schaltwerks.
3. Drehen Sie den Einsteller in Schritten zu halben Umdrehungen heraus, drehen Sie die Pedale in Fahrtrichtung und versuchen Sie, alle Gänge durchzuschalten. Kontrollieren Sie, ob die Schaltvorgänge dabei besser oder schlechter werden.
   - Wenn das Schalten besser wird, muss mit dem Herausdrehen in kleinen Schritten fortgefahren werden, bis beim Einrasten der Gänge der Gangwechsel perfekt ausgeführt wird.
   - Wenn das Schalten schlechter wird, muss der Einsteller schrittweise in die entgegengesetzte Richtung gedreht werden, bis beim Einrasten der Gänge der Gangwechsel perfekt ausgeführt wird.
4. Falls sich der Einsteller nicht weit genug heraus- oder hineindrehen lässt, muss

9.9 Einstellung der Kettenstellung am Schaltwerk.

9.10 Einstellung des Führungsrollenabstandes.

die Einstellung am Ausgang des Schalthebels durchgeführt werden. Hilft auch dies nichts, wird der höchste Gang eingelegt (sodass die Kette auf dem kleinsten Ritzel liegt), danach werden beide Einsteller vollständig hineingedreht. Lockern Sie am Schaltwerk die Schaltzug-Klemmschraube, ziehen Sie mit einer Zange den Zug einige Millimeter heraus und ziehen Sie die Schraube wieder an. Wiederholen Sie jetzt die Einstellung, wie oben beschrieben.

5. Falls sich der höchste oder niedrigste Gang nicht korrekt einlegen lassen oder sich die Kette über das kleinste oder größte Ritzel hinaus schalten lässt, muss die Kettenführung wie unten beschrieben eingestellt werden.

Anmerkung zum Führungsrollen-Abstand

Bei den meisten modernen Schaltwerken gibt es neben der Schaltwerkbefestigung eine separate Einstellschraube zum Justieren des Begrenzungswinkels am Schaltkäfig im Verhältnis zur Horizontalebene – so kann also der Abstand der auf der Führungsrolle liegenden Kette zur Unterseite des Zahnkranzes variiert werden. In der Bedienungsanleitung Ihrer Gangschaltung ist beschrieben, welcher Abstand bei welchem Gang eingestellt werden muss.

Einstellen der Kettenführung

Dieses Problem tritt besonders nach dem Austausch des Hinterrades oder des Zahnkranzes auf, kann aber auch durch normalen Verschleiß oder Beschädigungen bei einem Unfall entstehen (wo zuerst mögliche Schäden behoben werden müssen).

Werkzeug und Ausrüstung

- Kleiner Schraubendreher

Prozedur

1. Kontrollieren Sie, mit welchem Werkzeug die zwei kleinen Einstellschrauben gedreht werden können, die den seitlichen Bewegungsspielraum des Schaltkäfigs begrenzen. Normalerweise ist eine der Schrauben mit »H« und die andere mit »L« markiert. Die H-Schraube

begrenzt den Weg nach außen (zum hohen Gang), die L-Schraube begrenzt den Weg nach innen (zum niedrigen Gang).

- Falls die Schrauben nicht markiert sind, wird der höchste oder niedrigste Gang (kleinstes oder größtes Ritzel) eingelegt und durch Eindrehen der Schrauben (Verkleinern des Schaltbereichs) herausgefunden, welche für den inneren (»L«) und welche für den äußeren Anschlag (»H«) zuständig ist.

2. Je nach festgestelltem Problem muss die entsprechende Schraube in Schritten zu halben Umdrehungen hinein- oder herausgedreht werden.
   - Drehen Sie die H-Schraube hinein, falls die Kette über das kleinste Ritzel hinaus geschaltet wurde (wo sie zwischen dem Ritzel und dem Rahmen verklemmt wurde); drehen Sie die Schraube heraus, falls die Kette das kleinste Ritzel schlecht oder gar nicht erreichte.
   - Drehen Sie die L-Schraube hinein, falls die Kette über das größte Ritzel hinaus geschaltet wurde (wo sie zwischen dem Ritzel und den Speichen verklemmt wurde); drehen Sie die Schraube heraus, falls die Kette das größte Ritzel schlecht oder gar nicht erreichte.
3. Drehen Sie das Hinterrad mit den Pedalen und schalten Sie alle Gänge mehrmals auf und ab durch. Führen Sie Feineinstellungen durch, bis die Kette sich korrekt auf das größte und das kleinste Ritzel legen lässt, ohne dass Gefahr besteht, sie darüber hinaus zu werfen. Beachten Sie auch die Anmerkung zum Führungsrollen-Abstand auf Seite 88.

9.11 Einstellung der Kettenstellung am Umwerfer.

9.12 Schmieren Sie die Schaltwerkrollenlager erst, nachdem alles sorgfältig gereinigt wurde.

Schaltwerke überholen

Zunächst muss eventuell der Schaltzug vom Schaltwerk befreit werden (was später eine Neueinstellung erfordert), doch normalerweise lässt sich das Schaltwerk auch mit angeschlossenem Zug überholen.

Werkzeug und Ausrüstung

- Inbusschlüssel (oder Schraubenschlüssel für ältere Modelle)
- Lappen
- Lösungsmittel und Schmiermittel

Prozedur

1. Lösen Sie die Schraube der (unteren) Spannerrolle.
2. Entfernen Sie die Spannerrolle, damit die Kette aus dem Schaltkäfig befreit werden kann.
3. Entfernen Sie auch die (obere) Führungsrolle.
4. Reinigen, inspizieren und schmieren Sie alle Teile. Falls die beiden Rollen sich nicht frei drehen lassen, müssen sie ersetzt werden.
5. Montieren Sie die Führungsrolle.
6. Bringen Sie die Kette in Position und montieren Sie die Spannerrolle.
7. Prüfen Sie die Funktion der Schaltung und stellen Sie sie nötigenfalls ein.

Schaltwerke ersetzen

Das Schaltwerk ist am Gelenk mit einer Inbusschraube an einem Ausleger des rechten Ausfallendes befestigt, der »Schaltauge« genannt wird. Bei preiswerten Fahrrädern kann es an einer separaten Befestigungs-

9.13 Schmieren Sie die Gelenke des Schaltwerk-Parallelogramms.

9.14 Lösen Sie die Schraube der Spannerrolle.

platte sitzen, die zwischen der Radnabe und den Ausfallende gehalten wird. Das neue Schaltwerk muss für die Schaltung des Fahrrades ausgelegt sein – um große Übersetzungsänderungen auszugleichen, muss der Schaltkäfig sehr lang sein, damit die Spannerrolle die Kettenlänge ausgleichen kann.

Werkzeug und Ausrüstung

- Inbusschlüssel (plus einem 7er-Maulschlüssel für ältere Modelle)

9.16 Montage und Demontage des Schaltwerks.

Ausbau

1. Legen Sie den höchsten Gang ein (Kette auf dem kleinsten Ritzel) und befreien Sie den Schaltzug (siehe Seite 94).
2. Demontieren Sie die Führungsrolle, um die Kette zu befreien. Alternativ kann auch die Kette getrennt werden (siehe Kapitel 11).

9.15 Entnehmen Sie die Spannerrolle, um die Kette zu befreien.

3. Lösen Sie am Schaltauge die Befestigungsschraube und nehmen Sie das Schaltwerk ab.

Einbau

1. Installieren Sie die Befestigungsschraube etwa eineinhalb Umdrehungen, während das Schaltwerk gegen die Spannerfeder gedrückt wird. Drehen Sie die Schraube dann vollständig ein und ziehen Sie sie an.
2. Demontieren Sie nötigenfalls die Spannerrolle, legen Sie die Kette in den Schaltkäfig und montieren Sie die Rolle wieder.
3. Schließen Sie den Schaltzug an (siehe Seite 94).
4. Führen Sie alle notwendigen Einstellungen durch (siehe Seite 87).

Umwerfer einstellen

Wenn sich die Gänge vorne nicht richtig schalten lassen, sollte zuerst der Zustand des Schalt-Bowdenzuges geprüft und dieser nötigenfalls ersetzt werden (siehe Sei-

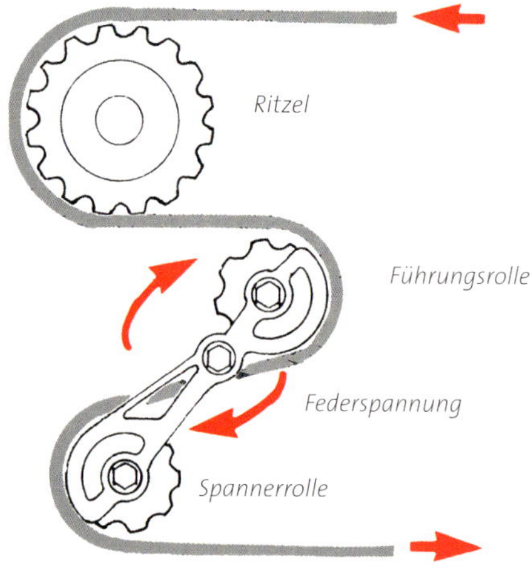

9.17 Befreien des hinteren Schaltzuges (links).
9.18 Verlegung der Kette um den Zahnkranz und die Kettenspannerräder (oben).

te 94). Wenn alles in Ordnung ist, kann mit der Einstellung begonnen werden:

Werkzeug und Ausrüstung

Normalerweise nichts (manchmal ein Werkzeug für die Schaltzug-Klemmschraube)

Prozedur

1. Klemmen Sie das Fahrrad möglichst in einen Montageständer oder stellen Sie es auf den Kopf. Legen Sie vorn und hinten einen mittleren Gang ein (gerade Kettenlinie).
2. Prüfen Sie die Funktion des Schaltzugeinstellers am Widerlager des Umwerfers.
3. Drehen Sie den Einsteller in Schritten zu halben Umdrehungen heraus, drehen Sie die Pedale in Fahrtrichtung und versuchen Sie, alle Gänge durchzuschalten. Kontrollieren Sie, ob die Schaltvorgänge dabei besser oder schlechter werden.
   - Wenn das Schalten besser wird, muss mit dem Herausdrehen in kleinen Schritten fortgefahren werden, bis beim Einrasten der Gänge der Gangwechsel perfekt ausgeführt wird.
   - Wenn das Schalten schlechter wird, muss der Einsteller schrittweise in die entgegengesetzte Richtung gedreht werden, bis beim Einrasten der Gänge der Gangwechsel perfekt ausgeführt wird.
4. Falls sich der Einsteller nicht weit genug heraus- oder hineindrehen lässt, muss die Einstellung am Ausgang des Schalthebels durchgeführt werden. Hilft auch dies nichts, wird der höchste Gang eingelegt (sodass die Kette auf dem größten Kettenblatt liegt), dann werden beide Einsteller vollständig hineingedreht. Lockern Sie am Umwerfer die Schaltzug-Klemmschraube, ziehen Sie mit einer Zange den Zug strammer und ziehen Sie

dann die Schraube wieder fest an. Wiederholen Sie jetzt die Einstellung, wie oben beschrieben.

5. Falls sich der höchste oder niedrigste Gang nicht korrekt einlegen lassen oder die Kette sich über das kleinste oder größte Kettenblatt hinaus schalten lässt, muss die wie unten beschrieben eingestellt werden.

Einstellen der Kettenstellung

Dieses Problem äußert sich entweder dadurch, dass sich die Kette über das kleine oder große Kettenblatt hinaus schalten lässt, sodass sie abspringt – oder die Kette nur schwierig oder gar nicht auf das große oder kleine Kettenblatt geschaltet werden kann. Es kann durch normalen Verschleiß oder Beschädigungen bei einem Unfall entstehen (wobei zuerst mögliche Schäden behoben werden müssen).

Werkzeug und Ausrüstung

- Kleiner Schraubendreher

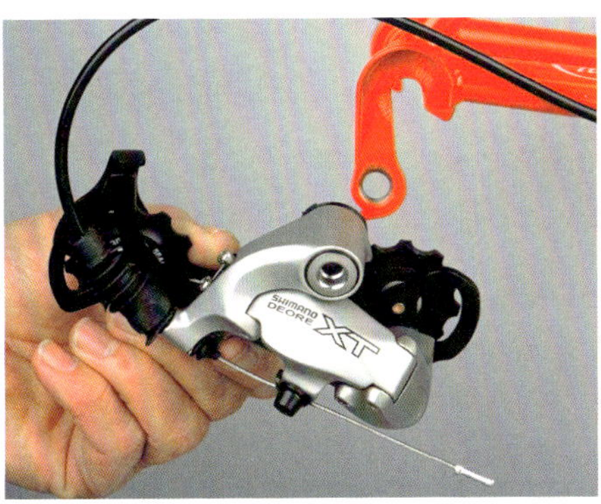

9.19 Einbau des Schaltwerks.

9.20 Schaltzug-Verlegung zum Schaltwerk.

Prozedur

1. Kontrollieren Sie, mit welchem Werkzeug die zwei kleinen Einstellschrauben gedreht werden können, die den seitlichen Bewegungsspielraum des Umwerferkäfigs begrenzen. Normalerweise ist eine der Schrauben mit »H« und die andere mit »L« markiert. Die H-Schraube begrenzt den Weg nach außen (zum hohen Gang), die L-Schraube begrenzt den Weg nach innen (zum niedrigen Gang).
   - Falls die Schrauben nicht markiert sind, wird eine der beiden hineingedreht (rechts herum) und beobachtet, ob als Ergebnis die Bewegungsmöglichkeit des Umwerfers nach innen (also in Richtung »L«) oder nach außen (»H«) verringert wird.
2. Je nach festgestelltem Problem muss die entsprechende Schraube in Schritten zu halben Umdrehungen hinein- oder herausgedreht werden.

9.21 Einstellung des Umwerfers (oben).
9.22 Umwerfer mit Schaltzugführung nach unten (»Downpull«) – normalerweise haben Mountainbikes eine Schaltzugführung nach oben (unten).

- Drehen Sie die H-Schraube hinein, falls die Kette über das große Kettenblatt hinaus geschaltet wurde; drehen Sie die Schraube heraus, falls die Kette das große Kettenblatt schlecht oder gar nicht erreichte.
- Drehen Sie die L-Schraube hinein, falls die Kette über das kleine Kettenblatt hinaus geschaltet wurde; drehen Sie die Schraube heraus, falls die Kette das kleine Kettenblatt schlecht oder gar nicht erreichte.

3. Drehen Sie die Pedale in Fahrtrichtung und schalten Sie alle Gänge mehrmals auf und ab durch. Führen Sie Feineinstellungen durch, bis die Kette sich korrekt auf alle Kettenblätter legen lässt, ohne dass Gefahr besteht, sie darüber hinaus zu werfen.

Schaltzüge ersetzen

Wenn ein Schaltzug korrodiert oder beschädigt (geknickt, gequetscht oder ausgefranst) ist, muss er ersetzt werden. Die Prozedur ist beim Schaltwerk-Zug (hinten) und beim Umwerfer-Zug (vorn) die gleiche. Falls die Schaltung (wie die meisten) mit einer Rastung ausgerüstet ist, muss ein exakt zur Schaltung passender Bowdenzug beschafft werden, ansonsten muss nur darauf geachtet werden, dass der am Schalthebel eingehängte Nippel dem Original entspricht. Schalten Sie zunächst die Kette vorne auf das kleinste Kettenblatt (niedrigster Gang) und hinten auf das kleinste Ritzel (höchster Gang).

Werkzeug und Ausrüstung

- Passendes Werkzeug für die Schaltzug-Klemmschraube
- Spitzzange
- Seitenschneider
- Lappen und Schmiermittel (Wachs)

Prozedur

1. Lockern Sie die entsprechende Schaltzug-Klemmschraube.
2. Ziehen Sie die Schaltzug-Hülle am Schalthebel ein Stück heraus, drücken Sie das Zugseil gegen den Hebel, um den Nippel und ein Stück Seil freizulegen, das dann mit einer Zange gegriffen werden kann.
3. Ziehen Sie den Schaltzug zuerst mit der Zange und dann mit der Hand heraus, stellen Sie dabei alle Segmente der Bowdenzughüllen samt ihrer Hülsen sicher (vergessen Sie beim Schaltwerk nicht den hinteren Bogen).
4. Der neue Schaltzug und seine Hüllen-Segmente müssen vom gleichen Typ wie der originale Schaltzug sein und die gleichen Längen aufweisen.

9.23 Festklemmen des Schaltzuges am Umwerfer.

9.24 Lösen der Umwerfer-Befestigungsklemme.

5. Beginnen Sie mit dem Einbau am Schalthebel und schieben Sie das Zugseil ein, um es anschließend durch die Hülle und alle Führungen am Rahmen bis zum Schaltwerk bzw. dem Umwerfer zu führen.
6. Klemmen Sie den Schaltzug provisorisch ein (also nicht allzu fest).
7. Drehen Sie die Pedale in Fahrtrichtung und schalten Sie alle Gänge mehrmals auf und ab durch. Stellen Sie den Schaltzug sowohl mit der Klemme als auch den Einstellschrauben ein, bis die Kette sich korrekt auf alle Ritzel oder Kettenblätter legen lässt (siehe Seite 87 bzw. 88).

Umwerfer ersetzen

Der Umwerfer ist meistens mit einem Klemmstück am Sitzrohr befestigt, nur selten sitzt er an einem angeschweißten Halter. Wie das Schaltwerk muss auch der Umwerfer für die Schaltung des Fahrrades ausgelegt sein – um große Kettenblattunterschiede auszugleichen, muss der Schaltkäfig sehr lang und korrekt geformt sein.

9.25 Schalthebel mit Ganganzeige.
9.26 Aus- und Einbau eines Schalt-Drehgriffs (rechts).

Werkzeug und Ausrüstung

- Werkzeug zum Lösen und Befestigen des Umwerfers
- Schraubendreher zum Öffnen des Schaltkäfigs (um die Kette zu befreien)

Ausbau

1. Entfernen Sie die kleine Schraube, mit der die zwei Hälften des Schaltkäfigs zusammengehalten werden, und befreien Sie die Kette. Alternativ kann auch die Kette getrennt werden (siehe Kapitel 11).
2. Befreien Sie den Schaltzug (siehe Seite 94).
3. Markieren Sie ggf. am Sitzrohr die Position der Umwerfer-Klemmung. Lösen Sie die Befestigungsschraube und nehmen Sie den Umwerfer ab.

Einbau

1. Montieren Sie den Umwerfer an der markierten Position an das Sitzrohr. Richten Sie ihn so aus, dass die äußere Platte des Schaltkäfigs absolut parallel zu den Kettenblättern steht und deren Unterseite 2–4 mm über dem größten Kettenblatt liegt. Ziehen Sie die Befestigungsschraube sorgfältig an.
2. Führen Sie entweder die geöffnete Kette durch den Schaltkäfig oder öffnen Sie diesen, indem Sie die kleine Schraube entfernen, um die Kette einzulegen.
3. Schließen Sie den Schaltzug an und stellen Sie ihn ein (siehe oben).

Schalthebel

Bei modernen integrierten Schalthebeln lassen sich nicht viele Wartungsarbeiten durchführen – entweder funktionieren sie oder sie müssen komplett ersetzt werden. Separat montierte Schalthebel können demontiert und auf Beschädigungen oder Schmutz und Korrosion überprüft werden. Nachdem alles gereinigt, geschmiert und ggf. repariert ist, werden alle Schrauben wieder sorgfältig angezogen. Stellen Sie die Schaltung anschließend ein und kontrollieren Sie, ob sich die Arbeit gelohnt hat – falls nicht, muss die gesamte Baugruppe ersetzt werden.

Freilauf und Zahnkranz

Der Zahnkranz mit seinen bis zu neun Ritzeln ist mit einem Freilauf ausgerüstet und sitzt an der Hinterradnabe. Im Freilauf sorgt ein integrierter Ratschenmechanismus dafür, dass der Zahnkranz in die normale Drehrichtung Kraftschluss hat und rückwärts frei drehbar ist (sodass die Pedale beim Rollen nicht mitdrehen).

Der Freilauf ist entweder in die Nabe integriert (wie es bei modernen Kassettennaben der Fall ist) oder wird (in den Schraubzahnkranz integriert) als separate Einheit auf die Nabe geschraubt. Die Zahnkränze selbst sind dementsprechend ausgeführt und werden bei älteren Modellen aufgeschraubt bzw. bei Kassettennaben aufgeschoben und mit einem separaten Konterring oder dem mit einem Gewinde versehenen kleinsten Ritzel gesichert.

Der Zahnkranz und die Bereiche zwischen den Ritzeln sollten mindestens einmal jährlich gereinigt werden – benutzen Sie hierzu einen zusammengefalteten Lappen, den Sie zwischen den Ritzeln hin und her ziehen, und bauen Sie möglichst das Hinterrad aus. Falls sich der Schmutz nicht löst, kann der Lappen mit einem Gemisch aus 90–95 % Lösungsmittel und 5–10 % Mineralöl getränkt werden.

Je nach Ausführung können einzelne Ritzel ersetzt werden, nachdem das aufgeschraubte kleinste Ritzel demontiert ist. Dies erfolgt mit einem Spezialwerkzeug, das exakt zum Freilauf der Nabe passen muss und beim Fachhändler erhältlich ist. Besonders bei modernen Kassettennaben ist die Auswahl der Ritzel jedoch begrenzt,

9.27 Schmieren einer Freilaufkassette mithilfe einer speziellen Fettpresse.

9.28 Reinigen Sie die Bereiche zwischen den Ritzeln.

9.29 Demontage eines Kassetten-Zahnkranzes.

9.30 Nach dem Lösen des Konterrings können die Ritzel abgenommen werden.

da sie als Set geliefert werden und nicht untereinander austauschbar sind, wie dies bei den altmodischen Schraubkränzen noch möglich war.

Wenn bei einer Kassettennabe der gesamte Zahnkranz oder ein Teil davon ersetzt werden soll, muss sichergestellt sein, dass die Neuteile kompatibel sind. Zudem ist es ratsam, gleichzeitig die Kette zu wechseln. Ich rate dazu, diese Arbeit einer Fachwerkstatt zu überlassen.

Ein Grund zum Wechseln von Ritzeln liegt im Verschleiß, der sich durch eine überspringende Kette ankündigt. In diesem Fall muss unbedingt auch die Kette gewechselt werden, da sie ebenfalls verschlissen sein wird und daher neue Ritzel rasch altern lassen würde.

Das Freilaufgehäuse kann mit dickflüssigem Mineralöl (SAE 60) geschmiert werden, das in den Spalt zwischen den Teilen eingebracht werden muss.

Ausbau und Einbau

Der wahrscheinlich häufigste Grund für die Demontage eines Zahnkranzes liegt darin, dass der Austausch einer an der Kettenseite gebrochene Speiche nicht anders möglich ist. Bauen Sie zunächst das Hinterrad aus (siehe Kapitel 3).

Falls der Freilaufmechanismus in seiner Funktion nachlässt, zu locker oder zu rau läuft, kann er ersetzt werden – die Methode hängt davon ab, ob er in einer Kassettennabe oder einem Schraubzahnkranz sitzt.

Schraubzahnkranz

Der im Schraubkranz sitzende Freilauf wird zusammen mit dem Zahnkranz ausgetauscht – hierzu ist ein spezieller Zahnkranzabzieher nötig. Bauen Sie das Hinterrad aus. Stecken Sie den Zahnkranzabzieher in die Nuten des Schraubkranzes, halten Sie ihn dort locker mit dem Schnellspanner und lösen Sie ihn mit einem passenden Maulschlüssel, während der Schnellspanner immer weiter gelockert wird. Reinigen und schmieren Sie das Gewinde des neuen Freilaufs und drehen Sie ihn von Hand auf – er zieht sich während der Fahrt fest.

Kassettenzahnkranz

Beim Kassettenfreilauf muss zunächst der Zahnkranz demontiert werden, hierzu werden ein passender Zahnkranzschlüssel samt geeignetem Maul- oder Gabelschlüssel, eine Kettenpeitsche oder ein Ritzelschlüssel und ein 10er-Inbusschlüssel benötigt. Blockieren Sie die Ritzel und lockern Sie mit dem Zahnkranzschlüssel den Konterring. Ziehen Sie das Ritzelpaket vollständig ab – halten Sie es zusammen, um alle Teile wieder in der richtigen Reihenfolge montieren zu können.

Um den in der Nabe verbleibenden Freilauf demontieren zu können, wird die Radachse nach links ausgebaut. Jetzt hat man Zugang zu einer internen hohlen Inbusschraube, die mit dem 10er-Inbusschlüssel gelöst werden kann (Abb. 9.33). Reinigen Sie die Oberfläche des Freilaufs und die Bohrung der Nabe und schmieren Sie beides vorsichtig. Installieren Sie den Freilauf und ziehen Sie die hohle Inbusschraube sorgfältig an.

Der Zusammenbau entspricht der umgekehrten Zerlegungsreihenfolge.

9.31 Demontage eines Schraubzahnkranzes.

Anpassen des Übersetzungsbereichs

Wenn einem die Übersetzung des Mountainbikes nicht passt, kann sie durch den Austausch der Kettenblätter und/oder Ritzel an die persönlichen Wünsche angepasst werden. Um einen länger ausgelegten hohen Gang zu erhalten, muss entweder das kleine Ritzel des Zahnkranzes durch eine noch kleinere Version oder das große Kettenblatt vorn durch eine größere Variante ersetzt werden. Um den niedrigsten Gang noch kürzer auszulegen, muss entweder das große Ritzel des Zahnkranzes durch eine noch größere Version oder das kleine Kettenblatt vorn durch eine kleinere Variante ersetzt werden.

Soweit die Theorie. In Wirklichkeit gibt es Zahnkränze und Kettenblätter heutzutage normalerweise nur als Pakete mit be-

9.32 Hier muss das kleine Ritzel abgeschraubt werden, um den Zahnkranz von der Kassette ziehen zu können.

9.33 Mit einem 10er-Inbusschlüssel wird der Freilauf aus der Nabe geschraubt.

stimmten Kombinationen zu kaufen, wogegen es fast unmöglich ist, einzelne Ritzel oder Kettenblätter zu installieren. Beim Fachhändler muss daher sorgfältig ausgewählt werden, welche Pakete den eigenen Bedürfnissen am nahesten kommen und wie viele Ritzel oder Kettenblätter dafür ausgewechselt werden müssen.

Der Ausbau der Kettenblätter ist in Kapitel 10 beschrieben, die Demontage des Zahnkranzes auf der vorherigen Seite.

Beachten Sie, dass bei der Montage von größeren Ritzeln oder einem größeren Kettenblatt auch der entsprechende Schaltkäfig sowie eine längere Kette beschafft werden müssen.

Nabenschaltung

Die mit 14 Gängen arbeitende Rohloff-Nabenschaltung ist besonders bei Downhill-Fahrern beliebt, hat aber auch für andere Mountainbikes ihre Vorteile: Die meisten empfindlichen Bauteile sind gut vor Schmutz und Beschädigungen geschützt. Bei passenden Ausfallenden entfällt beim Hardtail oder zentrisch zum Tretlager gelagerter Hinterradschwinge der Kettenspanner und die Kette kann nicht abspringen. Das Hinterrad ist symmetrisch eingespeicht, sodass Speichenbrüche seltener sind. Zudem werden alle Gänge mit einem Hebel (Drehgriff) geschaltet und dies kann sogar im Stillstand geschehen. Alle Gänge haben zueinander eine gleichmäßige Abstufung von 13,6 %, was einen Gesamt-Übersetzungsbereich von 526 % ergibt, der demjenigen einer 27-Gang-Kettenschaltung sehr nahe kommt.

Die Wartung beschränkt sich auf die Pflege und ggf. gelegentliches Nachspannen der Kette, das Einstellen der Schaltzüge (deren Rastung in der Nabe sitzt, sodass dies unkompliziert ist) und einen jährlichen Ölwechsel.

9.34 Auf diesem Bild ist gut zu erkennen, mit wie wenig Wartung eine Nabenschaltung auskommt (oben).
9.35 Einstellen der Schaltzüge an einer Rohloff-Nabenschaltung (Mitte).
9.36 Nachdem auf beiden Seiten die zwei Schrauben gelockert sind, wird durch das Verschieben des Hinterrades in den speziellen Ausfallenden der Kettendurchhang eingestellt (unten).

10 Kurbelgarnitur

Diese auch als Kurbelsatz bezeichnete Baugruppe besteht aus dem Tretlager (Welle mit Lagern), den Kurbelarmen und den an der rechten Kurbel montierten Kettenblättern. Die Kurbelgarnitur bildet zusammen mit den Pedalen, der Kette und den Schaltungskomponenten ein Teil des Gesamt-Antriebsstrangs. Die anderen Komponenten werden in eigenen Kapiteln behandelt.

Die Kurbeln

Die meisten modernen Mountainbikes sind mit Vierkant-Wellen ausgerüstet. Die aus Aluminium hergestellten Kurbeln sind stabil und leicht, doch die darin eingeschnittenen Gewinde sind empfindlich und müssen sorgfältig behandelt werden.

Die Welle ist an den Enden mit konisch zulaufenden Vierkanten ausgerüstet, die exakt in die Kurbeln passen. Neben den Vierkant-Ausführungen gibt es auch Wellen mit Kerbverzahnungen, auf die entsprechende Kurbeln gesteckt werden müssen.

Die Kurbeln werden mit Schrauben (selten auch mit Muttern) auf der Welle gesichert, bei älteren Modellen sitzt darüber eine Staubkappe.

Bei Hohlwellen-Ausführungen wie dem Hollowtech-Kurbelsatz von Shimano bilden die rechte Kurbel und die (hohle) Innenwelle eine feste Verbindung, während die linke Kurbel geschlitzt ist und mit zwei Inbusschrauben um den Vierkant geklemmt wird.

Für die Demontage der Kurbel(n) ist oft ein Spezialwerkzeug nötig, doch es gibt auch Highend-Kurbelgarnituren mit einer cleveren »Ein-Schlüssel-Lösung«, bei der die Befestigungsschraube auch als Kurbel-Abzieher fungiert, sodass man lediglich einen 8er-Inbusschlüssel benötigt.

Die rechte Kurbel ist mit einem vier- oder fünfzackigen »Stern« mit den Kettenblättern verschraubt. Beide Kurbeln haben an ihren äußeren Enden Gewindebohrungen für die Pedale – die rechte mit einem Rechtsgewinde und die linke mit einem Linksgewinde, damit sichergestellt ist, dass sich die Pedale nicht während der Fahrt lockern können.

10.1 Eine moderne Hohlwellen-Kurbelgarnitur mit Außenlagern und geklemmter linker Kurbel.

Anziehen der Kurbeln

Prüfen Sie bei der monatlichen Inspektion die Festigkeit der Kurbeln – und natürlich, wenn der Verdacht auftaucht, dass die Verbindung zum Tretlager nicht mehr fest ist (beachten Sie für die Hohlwellen-Ausführungen die Hinweise am Ende dieser Sektion).

Werkzeug und Ausrüstung

- Je nach Ausführung einen Kurbelabzieher (für ältere und preiswertere Mountainbikes) oder einen passenden Inbusschlüssel (für moderne Highend-Mountainbikes)
- Werkzeug zum Entfernen der Staubkappe (je nach Ausführung ein Inbusschlüssel, ein Stirnlochschlüssel, ein Schlitzschraubendreher oder eine Münze)
- Für Hohlwellen: 5er-Inbusschlüssel

Prozedur bei Fahrrädern mit großer exponierter Inbusschraube

Dieser Typ findet sich an den meisten modernen Mountainbikes:

1. Ziehen Sie die Inbusschraube mit einem 8er-Inbusschlüssel an, während Sie die Kurbel gut festhalten.
2. Ziehen Sie auch die andere Kurbel an, selbst wenn sie sich nicht locker anfühlt.

Prozedur bei Fahrrädern mit separater Metall-Staubkappe

1. Entfernen Sie bei älteren Modellen die Staubkappe aus dem Gewinde der Kurbel.
2. Benutzen Sie den Schlüsselteil des Kurbelabziehers (oder einen speziellen Kurbelschraubenschlüssel), um die Schraube anzuziehen, während Sie die Kurbel gut festhalten.
3. Installieren Sie ggf. die Staubkappe.

Anmerkungen zu Hohlwellen

Hier bilden die rechte Kurbel und die Welle ein Bauteil, sodass nur die linke Kurbel angezogen werden muss. Meistens ist sie am Ende geschlitzt und wird mit zwei Inbusschrauben um den Wellenvierkant herum angeklemmt. Ziehen Sie die Schrauben gleichmäßig bis zum in der Bedienungsanleitung vorgegebenen Drehmoment an – zu festes Anziehen zerstört das Gewinde der Kurbel.

Demontage und Montage der Kurbeln

Diese Arbeit ist nötig, um an das Tretlager selbst zu gelangen und es überholen oder austauschen zu können. Beachten Sie auch

10.3 Eine Octalink-Hohlwelle mit acht Nuten.

für die Hohlwellen-Ausführungen die Hinweise am Ende dieser Sektion).

Werkzeug und Ausrüstung

- Kurbelabzieher (sowohl den Abzieher als auch den Hebel mit dem Schlüssel) sowie einen zweiten Maul- oder 8er-Inbusschlüssel (je nach Kurbel-Typ)
- Für Hohlwellen: 5er-Inbusschlüssel

Demontage

1. Entfernen Sie ggf. die Staubkappe und lösen Sie die Schraube oder Inbusschraube mit dem schwarzen Kunststoffring drumherum. Bei Ausführungen mit Nutenwellen (erkennbar an der Metallkappe mit zwei kleinen runden Vertiefungen neben der Schraube) wird die 8er-Inbusschraube nur gelockert.
   - Wo die Schraube entfernt wurde, müssen auch alle vorhandenen Scheiben abgenommen werden (Sehr wichtig: Anders lässt sich die Kurbel nicht abziehen und das darin befindliche Gewinde würde zerstört werden).
   - Bei Nutenwellen dreht sich die gelockerte Schraube nach den ersten ein bis zwei Umdrehungen wieder schwergängiger, da sie ab jetzt die Kurbel von der Welle zieht.
2. Bei Ausführungen, die einen Kurbelabzieher erfordern, muss sichergestellt sein, dass keine Scheibe mehr in der Bohrung liegt und der Abzieher vollständig zurückgedreht ist (sodass das mittlere Gewinde nicht herausragt). Drehen Sie den Abzieher nun mithilfe des Schlüssels so weit wie möglich in das Gewinde der Kurbel.

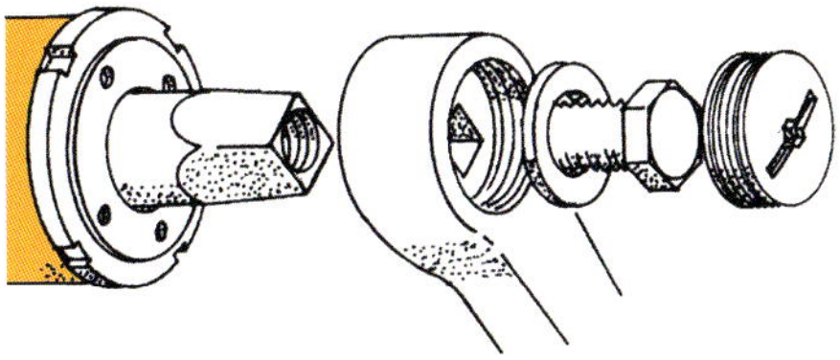

10.4 Montagediagramm einer konventionellen Vierkantkurbel.

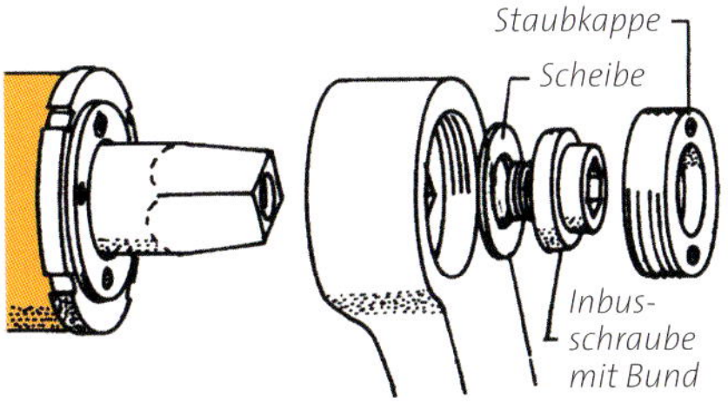

10.5 Montagediagramm einer Vierkantkurbel mit integriertem Abzieher.

10.6 Demontage einer Staubkappe mit zwei Vertiefungen mithilfe eines Stirnlochschlüssels.

3. Halten Sie den äußeren Teil des Kurbelabziehers mit einem Schlüssel fest und drehen Sie sein Mittelteil mit dem anderen Schlüssel hinein.
4. Nachdem die Kurbel auf diese Weise von der Welle gezogen wurde, wird das Werkzeug aus der Kurbel geschraubt.

Montage

1. Nachdem alle Bauteile gereinigt, begutachtet und nötigenfalls durch Neuteile ersetzt wurden, werden die Kontaktbereiche der Tretlagerwelle und der Kurbeln dünn mit Fett oder Kupferpaste bestrichen.
2. Drücken Sie die Kurbeln – natürlich 180° voneinander versetzt – von Hand auf beide Seiten der Tretlagerwelle.
3. Legen Sie bei Vierkantwellen die Scheibe ein und ziehen Sie die Schraube bei gehaltener Kurbel fest an.
4. Installieren Sie bei Vierkantwellen den Kunststoffring oder die Staubkappe.
5. Nachdem eine Stunde mit dem Fahrrad gefahren wurde, wird die Schraube erneut nachgezogen, ein weiteres Mal nach weiteren vier Stunden Fahrt – und unverzüglich, sobald man merkt (hört), dass eine Kurbel sich lockert.

Anmerkungen zu Hohlwellen

Bei diesen Ausführungen kann nur die linke Kurbel demontiert werden, während die rechte fest mit der Hohlwelle verbunden ist. Lösen Sie zur Demontage der linken Kurbel

10.7 Anziehen oder Lockern einer Kurbel-Schraube (oben).
10.8 Anziehen oder Lockern einer Kurbel mit integriertem Abzieher mithilfe eines Inbusschlüssels (unten).

10.9 Befestigungsschraube einer Kurbel auf einer Vierkantwelle.

10.10 Einsatz eines Kurbelabziehers.

die zwei Klemmschrauben und ziehen Sie die Kurbel von der Welle. Nun kann die rechte Kurbel samt Welle und Kettenblättern nach rechts aus dem Tretlagerrohr gezogen werden. Schieben Sie die Hohlwelle von rechts in das Tretlagergehäuse, stecken Sie die um 180° versetze linke Kurbel auf und ziehen Sie die Klemmschrauben sorgfältig an – beachten Sie die Anzugsdrehmomente in der Bedienungsanleitung.

10.11 Eine Hohlwellen-Kurbelgarnitur samt Octalink-Patronenlager.

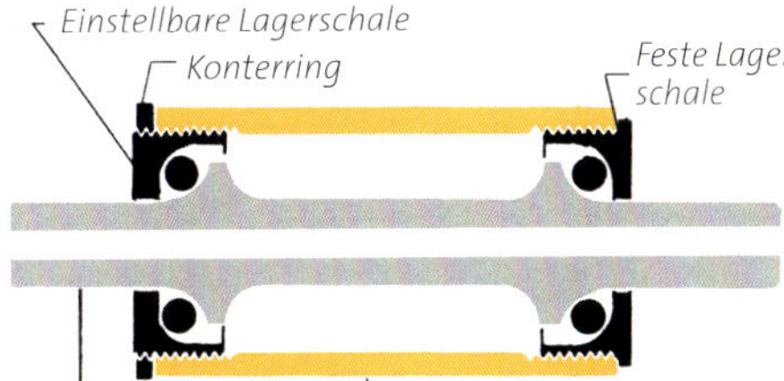

10.12 Querschnitt durch ein Konus-Tretlager, wie es viele Jahre im Fahrradbau Verwendung fand.

10.13 Konus-Tretlager müssen regelmäßig geschmiert werden (links).
10.14 Ein verschlissenes Patronenlager muss komplett ersetzt werden (oben).

Anmerkungen zu integrierten Kurbelabziehern

Was (vgl. Abbildung 10.5) wie eine um die 8er-Inbusschraube liegende Staubkappe aussieht, aber zwei runde Ausschnitte hat, wird wahrscheinlich die mit Nuten versehene Variante einer »Ein-Schlüssel-Lösung« sein. Lockern Sie hier die Inbusschraube weit genug, bis sie tatsächlich die Kurbel abzieht (siehe Abb. 10.5). Das wie eine Staubkappe aussehende Ding sollte nicht entfernt werden (hierzu würde ein passender Stirnlochschlüssel nötig sein), da es tatsächlich ein Widerlager für die Kurbelschraube darstellt und die Demontage der Kurbel ohne diesen Schraubring sehr schwierig wird.

Tretlager

Als Tretlager wird die im kurzen querliegenden Rohr an der Verbindung von Unterrohr, Sitzrohr und Kettenstreben gelagerte Tretkurbelwelle bezeichnet. Deren zwei Kugellager sind die mit am höchsten belasteten Bauteile des Fahrrades. Heute sind die beiden Lager zumeist zusammen in ein abgedichtetes Patronenlager integriert. Ältere Ausführungen sind als separate Konuslager ausgeführt, die im Gegensatz zu Patronenlagern einstellbar sind und gelegentlich justiert, geschmiert und überholt werden müssen.

Einstellbare Tretlager

Dieser Typ findet sich an älteren und sehr preiswerten Fahrrädern. Gut gewartet und eingestellt sind sie nicht schlechter als Patronenlager – ohne gelegentliche Zuwendung werden sie jedoch nicht sehr alt. Die unten beschriebene Einstellung dient der Wartung und muss durchgeführt werden, wenn die Lager Spiel bekommen oder schwergängig werden. Wenn sich die Lager lockern, wird Justieren ausreichen, doch

10.15 Der Aus- und Einbau eines Patronenlagers erfordert den Einsatz eines Nutenschlüssels (links).
10.16 Einzelteile eines Patronenlagers – die Baugruppen lassen sich normalerweise nicht zerlegen (oben).

wenn sie schwergängig werden, müssen sie auch gereinigt und geschmiert werden. Das Einstellen kann mit montierten Kurbeln erfolgen, während zum Schmieren oder Überholen die linke Kurbel demontiert sein muss – beachten Sie hierzu die Hinweise ab Seite 104.

Werkzeug und Ausrüstung

- Haken-, Zapfen- und/oder Stirnlochschlüssel zum Schmieren und Ausbau der Lager, ggf. Werkzeug zur Demontage der Kurbel
- Kugellagerfett und Lappen (falls das Lager geschmiert überholt werden muss)

Einstellung

1. Lockern Sie mit dem passenden Werkzeug den Konterring des linken Lagers um etwa eine Umdrehung.
2. Jetzt kann mit dem Zapfen- oder Stirnlochschlüssel die Lagerschale angezogen oder gelockert werden – allerdings nicht mehr als eine Achtelumdrehung (45°).
3. Halten Sie jetzt die Lagerschale und ziehen Sie den Konterring wieder an, ohne dass sie sich mitdreht.
4. Prüfen Sie, ob die Einstellung korrekt ist, und wiederholen Sie sie nötigenfalls.

Zerlegung

1. Nachdem zumindest die linke Kurbel demontiert ist (und möglichst auch die rechte – oder wenigstens die Kette abgenommen wurde), wird mit dem passenden Werkzeug der Konterring des linken Lagers abgeschraubt.
2. Lösen Sie nun mit dem Zapfen- oder Stirnlochschlüssel links die Lagerschale.
3. Entfernen Sie nun links die Lagerkugeln – sie können lose oder in einem Käfig geführt sein.
4. Ziehen Sie die Tretlagerwelle (ggf. mit der rechten Kurbel) nach rechts heraus und stellen Sie auch dort die Lagerkugeln sicher. Entfernen Sie ebenfalls die üblicherweise im Tretlagergehäuse sitzende Kunststoffhülse, die durch das

Sitzrohr eintretenden Schmutz von den Lagern fernhalten soll.

5. Solange nicht die gesamte Baugruppe ersetzt werden soll, muss hier gestoppt werden. Ansonsten kann mit dem passenden Werkzeug auch die rechte Lagerschale ausgebaut werden – diese hat (außer bei einigen französischen Fahrrädern) ein Linksgewinde, sodass sie rechts herum gelöst werden muss.

Überholen

1. Reinigen und inspizieren Sie alle Komponenten und ersetzen Sie verschlissene, korrodierte und beschädigte Teile – generell empfiehlt es sich, die Lagerkugeln (ggf. samt der Käfige) zu ersetzen.
   Die rechte (»feste«) Lagerschale kann im eingebauten Zustand mithilfe einer Taschenlampe kontrolliert werden. Schrauben Sie sie nötigenfalls heraus, um sie ebenfalls zu ersetzen (siehe Schritt 5 oben).
2. Versehen Sie die Lagerschalen mit Lagerfett. Wenn die Gewinde der Lagerschale(n) und des Konterrings sauber sind, werden sie mit Kupferpaste geschmiert, um sie vor Korrosion zu schützen.
3. Drücken Sie die Lagerkugeln in die mit Fett gefüllten Lagerschalen – die geschlossene Seite des Käfigs muss zur Lagerschale (also nach außen) zeigen.
4. Installieren Sie die Kunststoffhülse und stecken Sie die Welle von rechts ein – seien Sie bei käfiglosen Kugeln dabei vorsichtig, damit keine Kugeln herausgedrückt werden.
5. Schrauben Sie die linke Lagerschale in das Gehäuse, bis es handfest sitzt.
6. Drehen Sie den Konterring über die linke Lagerschale und halten Sie diese mit dem passenden Werkzeug fest, während der Konterring angezogen wird.
7. Stellen Sie vor der Montage der Kurbel(n) die Lager ein, sodass sich die Tretkurbelwelle sanft dreht. Prüfen Sie das Tretlager nach dem Einbau der Kurbel(n) auf Spiel und stellen Sie es nötigenfalls ein (siehe Seite 108).

10.17 Anziehen der rechten Kurbelbefestigung an einem konventionelles Patronenlager.
10.18 Das an der rechten Kurbel sitzende Kettenblattpaket (links).

10.19 Die zwei von oben und unten eingesetzten Klemmschrauben der linken Hollowtech-Kurbel werden gleichmäßig angezogen, nachdem die Kunststoffkappe zum Einstellen des Lagers (Abb. 10.20) eingeschraubt ist.

10.20 Diese Kunststoffkappe dient zum Einstellen der Lager, nachdem die Klemmschrauben gelockert sind.

Patronentretlager ersetzen

Wenn sich ein als Patrone ausgeführtes Tretlager nicht mehr sanft dreht oder zu wackeln beginnt, muss das komplette Patronentretlager ausgetauscht werden. Bei konventionellen Ausführungen müssen zuerst beide Kurbeln demontiert werden, bei modernen Hohlwellen-Versionen ist nur die linke Kurbel zu entfernen.

Werkzeug und Ausrüstung

- Ein zum Patronenlager passender Abzieher
- Werkzeug für den Konterring

Ausbau

1. Vergleichen Sie beide Seiten des Tretlagers. Bei manchen Ausführungen ist an beiden Seiten ein Konterring über den Lageradapter geschraubt. Andere Versionen haben nur einen Konterring, während sich an der anderen Seite ein einteiliges Zwischenstück befindet.
2. Lösen Sie den Konterring – bei Modellen mit zwei Konterringen zunächst den linken.
3. Drehen Sie ggf. den zweiten Konterring ab.
4. Schrauben Sie das Lagergehäuse heraus. Wenn es mit einem einzelnen Konterring gesichert ist, wird es zur anderen Seite herausgedreht; wenn zwei Konterringe vorhanden waren, wird es immer nach rechts (Kettenseite) herausgeschraubt.

Anmerkung

Beim Herausschrauben nach rechts hat man es oft mit einem Linksgewinde zu tun (aber nicht immer!), sodass das Lager rechts herum herausgeschraubt werden muss.

10.21 Eine Kettenblatt-Befestigungsschraube (oben).
10.22 Die Kettenblatt-Befestigungsschrauben müssen schrittweise und über Kreuz angezogen werden (unten).

Einbau

1. Das neue Lager muss zum Tretlagergehäuse passen und seine Welle muss die gleiche Länge haben wie das Originalteil.
2. Reinigen Sie alle Innen- und Außengewinde und schmieren Sie sie dünn mit Schmiermittel – möglichst Kupferpaste oder Montagepaste – ein.
3. Schrauben Sie das Lager ein – entweder, bis der Flansch am Gehäuse anliegt oder die Gewinde an beiden Seiten gleich weit herausragen.
4. Installieren Sie den/die Konterring(e) und ziehen Sie ihn/sie an, während die Patrone mit dem passenden Stirnlochschlüssel gehalten wird.
5. Bei Ausführungen mit zwei Konterringen wird das Lager nun soweit eingestellt, bis es zu beiden Seiten gleich herausragt oder eine möglichst perfekte Kettenlinie eingerichtet ist (siehe Kapitel 11).

Anmerkungen zu Hohlwellen

Bei diesen Ausführungen sitzen die Lager außen am Tretlagergehäuse. Die fest mit der rechten Kurbel verbundene Welle wird nach rechts aus dem Patronenlager gezogen. Die Konterringe an beiden Seiten des Tretlagers sind mit Pfeilen versehen, die anzeigen, in welche Richtung sie angezogen werden. Die Lager der Hollowtech-Ausführung von Shimano werden mithilfe der kleinen Kunststoffkappe am linken Kurbelflansch eingestellt, nachdem die Kurbelschrauben gelöst wurden. Ziehen Sie dann die Klemmschrauben wieder sorgfältig an.

Kettenblätter

An der rechten Kurbel sind üblicherweise drei Kettenblätter befestigt, die bezüglich ihrer Zähnezahl normalerweise in einer Standard-Kombination ausgeliefert werden. Die Kettenblätter müssen für die spezielle Kurbel hergestellt sein, da weder die Anzahl der Befestigungen noch der Lochkreisdurchmesser genormt sind.
Unter normalen Umständen verschleißen die Kettenblätter kaum, wenn sie jedoch unter widrigen Bedingungen (Staub und Schlamm) hart rangenommen oder beschädigt werden, müssen sie ersetzt werden.

10.23 Eine Außenlager-Hohlwelle (links).
10.24 Mit einem solchen Richtwerkzeug oder einem fest angezogenen Rollgabelschlüssel (»Engländer«) können verbogene Zähne gerichtet werden (oben).

Kettenblätter anziehen

Mindestens einmal jährlich müssen die Befestigungen der Kettenblätter auf festen Sitz überprüft werden. Dies gilt auch, wenn vorne Schaltschwierigkeiten festgestellt werden.

Werkzeug und Ausrüstung

- Inbusschlüssel und ein zu den Befestigungsschrauben passender Schlitz-Schlüssel

Prozedur

1. Halten Sie nach und nach die Schrauben an der Rückseite des Kettenblatts mit dem Schlitzschlüssel und ziehen Sie vorn die Inbusschrauben schrittweise an, bis alle fest sind.
   - Falls Schrauben sich wegen Korrosion nicht anziehen lassen, müssen beide Teile als Set ausgetauscht werden.
   - Bei einem Dreifach-Kettenblattset gibt es üblicherweise einen zweiten Satz Schrauben, die das kleinste Kettenblatt sichern und nur von hinten zugänglich sind. Diese Schrauben müssen ebenfalls kontrolliert und ggf. angezogen werden.

Kettenblätter ersetzen

Verschlissene oder beschädigte Kettenblätter müssen gegen Neuteile ausgetauscht werden (was auch einzeln geschehen kann). Vielleicht müssen die Kettenblätter auch nur sorgfältig gereinigt und wieder montiert werden. Diese Arbeit kann bei montierter rechter Kurbel oder nach deren Demontage erledigt werden. Zunächst muss die Kette abgenommen werden.

Werkzeug und Ausrüstung

- Inbusschlüssel und ein zu den Befestigungsschrauben passender Schlitz-Schlüssel

Ausbau

1. Notieren Sie genau, wie die Kettenblätter zueinander liegen. Zumeist sind

Markierungen vorhanden, die später oder auch bei den neuen Kettenblättern zueinander fluchten müssen, damit die Kette leicht von einem Kettenblatt aufs andere geführt werden kann.

2. Halten Sie nach und nach die äußeren Schrauben an der Rückseite des Kettenblatts mit dem Schlitzschlüssel und lösen Sie vorn die Inbusschrauben schrittweise, bis alle locker sind und entfernt werden können.
   Bei einem Dreifach-Kettenblattset gibt es üblicherweise einen zweiten Satz Schrauben, die das kleinste Kettenblatt sichern und nur von hinten zugänglich sind. Diese Schrauben müssen ebenfalls entfernt werden, da sonst die Kettenblätter als komplette Einheit zusammenbleiben.
3. Entnehmen Sie die Kettenblätter entweder als Baugruppe oder einzeln – in diesem Fall müssen auch mögliche Distanzstücke sichergestellt werden.

Einbau

1. Vergleichen Sie vor der Montage an die Kurbel die neuen Kettenblätter mit den Originalteilen, um eine korrekte Ausrichtung sicherzustellen.
2. Installieren Sie eine der Schrauben durch den Kurbelstern, das äußere Kettenblatt, die Distanzhülse und das mittlere Kettenblatt und drehen Sie innen das Gegenstück handfest auf.
3. Installieren Sie eine weitere Schraube an der gegenüberliegenden Seite auf die gleiche Weise.
4. Installieren Sie die anderen Befestigungen.
5. Ziehen Sie alle Schrauben schrittweise und über Kreuz sorgfältig an.

Anmerkungen

- Falls Schrauben sich wegen Korrosion nicht anziehen lassen, müssen beide Teile als Set ausgetauscht werden – achten Sie auf die korrekte Länge.
- Prüfen Sie nach, ob alle notierten Markierungen zueinander ausgerichtet sind.

Kettenblätter richten

Falls das gesamte Kettenblatt oder einige seiner Zähne verbogen sind, lässt sich dies manchmal wieder richten. Falls jedoch ein oder mehrere Zähne abgebrochen sind oder das Blatt sehr stark verbogen ist, muss das Kettenblatt (oder das gesamte vernietete Set) ersetzt werden. Heben Sie zunächst die Kette ab.

Werkzeug und Ausrüstung

- Ein spezielles Kettenblatt-Richtwerkzeug oder ein verstellbarer Schraubenschlüssel (Rollgabelschlüssel)

Prozedur

1. Setzen Sie das Werkzeug direkt über dem verbogenen Bereich an und schieben Sie es nicht über den Knick hinaus. Biegen Sie den Zahn oder das Kettenblatt vorsichtig in mehreren Durchgängen gerade.
2. Falls nach dem Verbiegen Risse festgestellt werden, muss das Kettenblatt ersetzt werden.

11 Ketten

Eine Fahrradkette besteht aus zwei Reihen Außen- und Innenlaschen, die mit Bolzen miteinander verbunden sind. Auf den Bolzen laufen Rollen, um Reibung und Verschleiß zu minimieren.

Ketten für Kettenschaltungen haben üblicherweise das Maß 1/2 x 3/32", was bedeutet, dass der Abstand zwischen den Bolzen (die Kettenteilung) ein halbes Zoll (12,7 mm) beträgt und der Spalt zwischen den Innenlaschen (in den die Zähne der Kettenblätter und Ritzel eingreifen, bei umgerechnet 2,38 mm liegt. Mit dem Aufkommen der Neun- und Zehnfach-Zahnkränze mussten die Ketten immer schmaler werden, um zwischen die Ritzel zu passen, sodass der Laschenabstand auf unter 2 mm schrumpfte.

Wenn eine Kette ersetzt oder mit zusätzlichen Gliedern verlängert werden soll, muss unbedingt darauf geachtet werden, dass absolut identische Teile verwendet werden – und dies betrifft nicht nur das Maß, sondern auch den Aufbau der Kette. Das Zauberwort heißt zumindest bei Shimano-Antrieben mit mehr als acht Gängen »HyperGlide« (oft HG abgekürzt) und die Ketten für damit ausgerüstete Fahrräder müssen »HyperGlide-Kompatibel« sein.

Die Verbindungsglieder für die beiden Enden der Ketten entsprechen im Aufbau den anderen Kettengliedern. Um eine Kette zu öffnen oder zu schließen, wird einer der Kettenschloss-Stifte mithilfe eines Kettennieters weit genug herausgedrückt, um die Innenlaschen befreien oder einfügen zu können. Um eine Kette zu kürzen, wird ein Bolzen vollständig herausgepresst, damit die dahinter liegenden Glieder entnommen werden können, dann wird der Kettenschloss-Bolzen dort eingefügt.

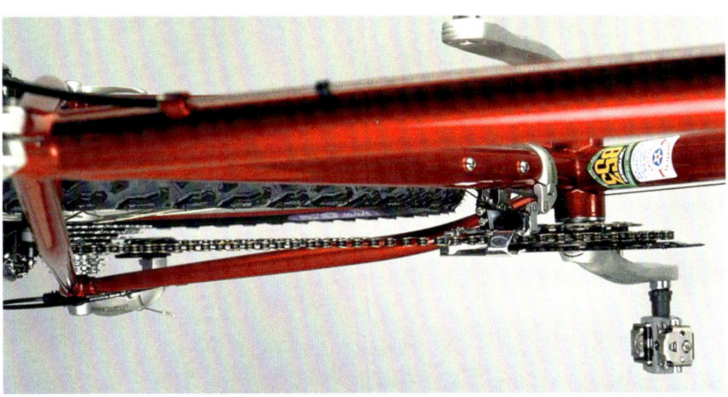

11.1 Die Kette hat den höchsten Wirkungsgrad und den geringsten Verschleiß, wenn sie zwischen dem Kettenblatt und dem Ritzel in einer möglichst geraden Linie läuft.

11.2 Eine Kette muss regelmäßig geschmiert werden.

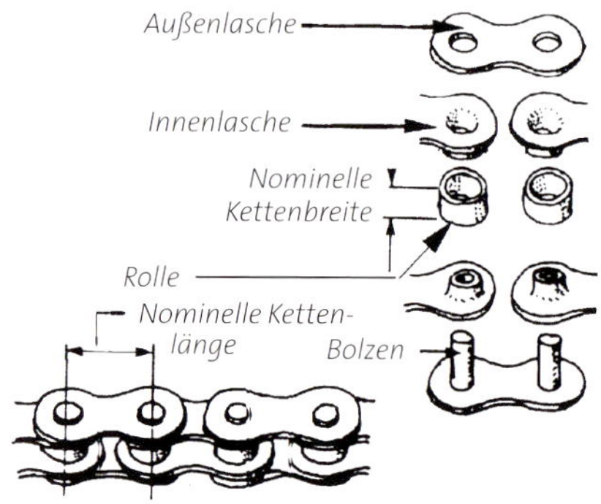

11.3 Bauteile einer typischen Fahrradkette.

Kettenlinie

Die Kette sollte im Idealfall parallel zur Längsachse des Fahrrades laufen – und damit absolut gerade auf dem Kettenblatt und dem Ritzel, um möglichst verlustfrei und verschleißarm zu laufen. Bei Kettenschaltungen bedeutet dies, dass die Kette nur in bestimmten Gängen »ideal« läuft – und dies sollte möglichst auf dem jeweils mittleren Kettenblatt bzw. Ritzel der Fall sein, um eine möglichst exakte Schaltbarkeit sicherzustellen. Festgelegt wird dies in der Regel durch die Länge der Tretlagerwelle.

Allgemeine Kettenwartung

In erster Linie geht es hier um die Reinigung, das Schmieren und das Ermitteln des Kettenverschleißes (die Längung). Wer viel in matschigem oder staubigem Terrain unterwegs ist, muss wahrscheinlich nach etwa einem halben Jahr eine neue Kette aufziehen, andernfalls reicht auch bei intensiver Nutzung ein jährlicher Austausch.

Für die mindestens einmal jährlich empfohlene Verschleißkontrolle kann entweder eine Kettenlehre oder ein Messschieber eingesetzt werden. Mit einem Messschieber kann der Abstand zwischen zehn Gliedern ermittelt werden: Bei einer neuen Kette sollten 119,5 mm festgestellt werden – sobald mehr als 120,5 mm gemessen werden, muss die Kette ersetzt werden.

Zum Reinigen der Kette sollte sie am besten ausgebaut und mit einem Gemisch aus 90–95 % Lösungsmittel und 5-10 % Mineralöl gespült und gebürstet werden. Dann wird sie zum Trocknen aufgehängt, damit das Lösungsmittel verdunstet, während das Mineralöl als Rostschutz an und in der Kette verbleibt. Bei trockenem Klima eignet sich ein Schmiermittel auf Wachs-

basis sehr gut, während bei Feuchtigkeit besser fettende Schmierstoffe verwendet werden sollten. Die einfachste Möglichkeit des Schmierens erfolgt mit einer Sprühdose oder einem speziellen mit einer Bürste ausgerüsteten Spender.
Wenn Kettenglieder bei einem Unfall oder unsachgemäßem Transport des Fahrrades verbiegen oder verdreht werden, sollten Richtversuche aller Art unterbleiben, da die Schaltung hierauf sehr empfindlich reagiert.

Ketten ersetzen

Wenn eine Kette ausgetauscht oder zum Reinigen ausgebaut werden soll, muss sie geöffnet werden. Kontrollieren Sie zuerst, ob die Kette mit einem Kettenschloss ausgerüstet ist, das ohne Auspressen eines Bolzens geöffnet werden kann. Kettenschlösser sind an speziell gefärbten Laschen sowie abweichenden Bolzenkopf-Formen erkennbar. Achten Sie beim Kauf einer neuen Kette darauf, dass sie exakt zum vorhandenen Kettenkranz passt. Eine auch nur geringfügig vom vorgegebenen Maß abweichende Kette würde das Schalten stark erschweren oder völlig unmöglich machen.

Werkzeug und Ausrüstung

- Kettennieter
- Lappen

Ausbau

1. Schalten Sie die Kette auf das kleinste Kettenblatt und das kleinste Ritzel.
2. Drehen Sie den Stift des Kettennieters so weit zurück, dass die Kette eingelegt werden kann. Platzieren Sie das Werkzeug so an der Kette, dass der Ausdrückstift mittig über dem gewünschten Bolzen steht.
3. Drehen Sie den Griff des Kettennieters im Uhrzeigersinn, um den Bolzen mithilfe des Stiftes durch die Kette zu pressen – aber nicht aus der äußeren Lasche heraus, da es nahezu unmöglich ist, ihn wieder einzusetzen. Der Bolzen sollte noch etwa einen halben Millimeter in-

11.4 Einsatz eines speziellen Kettenreinigungsgeräts.
11.5 Herausdrücken eines Kettenbolzens mithilfe eines Kettennieters (rechts).

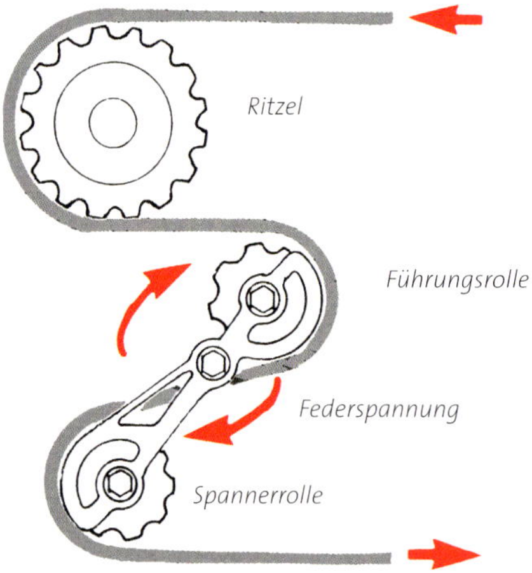

11.6 Verlegung der Kette um den Zahnkranz und die Kettenspannerräder (links).
11.7 Eindrücken eines Kettenbolzens mithilfe eines Kettennieters (oben).

nen aus der Außenlasche herausragen (Abb. 11.8).

4. Drehen Sie den Stift zurück, bis der Kettennieter von der Kette befreit werden kann.
5. Wenn die Kette nicht bereits geöffnet ist, muss sie etwas hin und her gewackelt werden, um sie zu trennen.

Einbau

1. Positionieren Sie das Schaltwerk in den höchsten Gang (kleinstes Ritzel) und den Umwerfer über das kleinste Kettenblatt.
2. Legen Sie die Kette mit dem Ende ohne Bolzen voran von unten auf das kleinste Kettenblatt, führen Sie sie durch den Umwerferkäfig, legen Sie sie hinten um das kleinste Ritzel und führen Sie sie durch das Schaltwerk (Abb. 11.6). Jetzt können die Enden der Kette unten miteinander verbunden werden.
3. Schieben Sie die Enden der Kette zusammen, sodass der in der Außenlasche steckende Bolzen in die Innenlasche greift, und halten Sie die Kette so fest.
4. Drehen Sie den Stift des Kettennieters so weit zurück, dass die Kette mit dem zum Drehgriff zeigenden Bolzen eingelegt werden kann. Drehen Sie den Stift ein, bis er Kontakt zum Bolzen hat.
5. Während die beiden Enden der Kette korrekt zueinander ausgerichtet gehalten werden, wird der Bolzen mit dem Kettennieter vollständig eingedrückt, bis er an beiden Seiten der Kette gleichmäßig herausragt. Entfernen Sie dann das Werkzeug.
6. Drücken Sie die Kette seitlich hin und her, bis die Laschen sich frei um den neu installierten Bolzen drehen können. Falls die Kette auf diese Weise nicht befreit werden kann, muss der Kettennieter erneut angesetzt und der Bolzen ein kleines Stück zurück gedrückt werden.
   - Bei relativ breiten Ketten (bis 1/2 x 3/32") kann die Verbindung normalerweise dadurch gelockert werden, dass

11.8 Der Bolzen muss soweit herausgedrückt werden, dass die Innenlaschen samt Rolle befreit werden können.

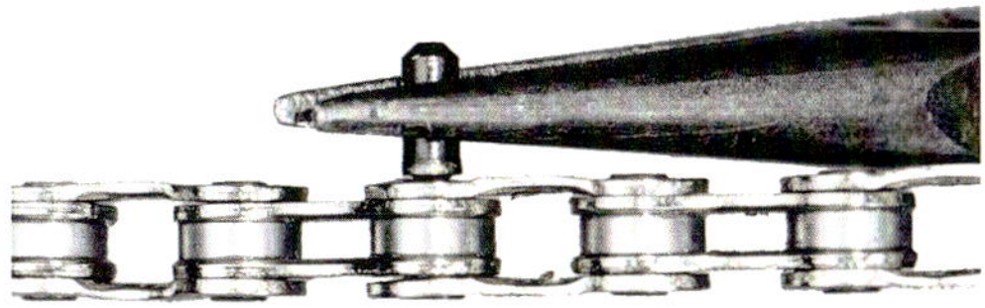

11.9 Der überstehende Teil des Nietbolzens muss abgebrochen werden.

man den Kettennieter in seine zweite Position bringt und die Laschen damit etwas auseinanderdrückt.

Anmerkung
Falls der Kettenbolzen versehentlich vollständig herausgedrückt wurde, können die zwei letzten Kettenglieder entfernt und durch ein neues zweigliedriges Teilstück ersetzt werden – achten Sie darauf, den Bolzen nicht wieder vollständig herauszudrücken.

Anmerkung zu HyperGlide-Ketten
Bei Shimano-HyperGlide-Ketten gibt es einen oder mehrere Bolzen mit einem etwas dickeren und schwarz gefärbten Kopf. Dies sind die einzigen Bolzen, die beim Öffnen und Schließen der Kette NICHT bewegt werden dürfen. Die anderen Bolzen müssen nach dem Öffnen durch einen neuen schwarzen Nietbolzen ersetzt werden, bei dem nach dem Einbau der vorstehende Bereich abgeknipst und die Bruchstelle mit einer Feile geschlichtet werden muss.

Verwenden Sie für die Arbeit an HyperGlide-Ketten das Shimano-Spezialwerkzeug und beschaffen Sie einige Ersatz-Nietbolzen.

Kettenlänge

Die Kette muss gerade so lang sein, dass sie problemlos gleichzeitig um das größte Ritzel und das größte Kettenblatt gelegt werden kann und dabei noch etwas Spielraum für den Kettenspanner verbleibt. Sie muss gleichzeitig so kurz sein, dass sie auf den kleinsten Kettenrädern liegend nicht durchhängt. Lässt sich diese Kombination nicht erreichen, wird ein Schaltwerk mit einem längeren Käfig – also einer weiter außen liegenden Spannerrolle – benötigt, der auch als Long Cage bekannt ist. Korrekturen an der Kettenlänge können durch Entfernen oder Hinzufügen von Kettengliedern erfolgen. Folgen Sie dazu den Hinweisen zum Ausbau und Einbau der Kette (siehe oben).

ROTWILD

12 Pedale

Pedale gibt es in zwei Ausführungen – als Standardversion (beim Mountainbike gerne als »Bärentatze« mit gezacktem Blechrahmen) zum Aufstellen des Fußes und als Klickpedal zum Befestigen speziell ausgerüsteter Schuhe. Bei Mountainbikes sehr beliebt sind auch kombinierte Versionen, die auf einer Seite ohne Befestigung und auf der anderen eingeklickt gefahren werden können.

Pedal-Typen

Auch in der Lagerung der Pedale gibt es grundlegende Unterschiede, denn sie können sowohl mit Konuskugellagern als auch Patronenlagern an den Kurbeln geführt werden. Wenn außen am Pedal eine demontierbare Staubkappe sitzt, wird es sich wahrscheinlich um ein einstellbares Konuslager handeln, wenn keine Kappe vorhanden ist, wird es definitiv ein Patronenlager sein.

Klickpedale sind meistens mit Patronenlagern ausgerüstet, wogegen preiswerte Standard-Pedale oft auf Konuslagern laufen. Die Pedale werden in die äußeren Bohrungen der Kurbeln geschraubt – dabei hat das linke Pedal ein Linksgewinde und ist mit einem L markiert, während das rechte Pedal ein »normales« Rechtsgewinde hat und ein R trägt. Die Gewinderichtung gibt den Anzug der Befestigung an – also muss das linke Pedal rechts herum (im Uhrzeigersinn) gelöst werden! Die unterschiedlichen Gewinde sorgen dafür, dass sich beide Achsen während der Fahrt nicht lösen können.

Eine Einstellung oder Überholung des Pedals steht an, wenn es sich entweder locker anfühlt oder nicht mehr frei drehen lässt. Wenn ein Pedal eiert, liegt ein größeres Problem vor, da die Achse verbogen ist und

12.1 Ein typisches Klickpedal mit Patronenlagern.

12.2 Ein typisches Bärentatzenpedal.

12.3 Lösen einer linken Pedalachse (im Uhrzeigersinn).

12.4 Die gleiche Prozedur mit einem von innen eingesetzten Inbusschlüssel.

(ggf. samt Pedal) ersetzt werden muss. Bei den meisten Klickpedalen kann die Auslösekraft per Einstellschrauben den persönlichen Vorlieben angepasst werden.

Standardpedale lassen sich mit »altmodischen« Pedalhaken ausrüsten, deren Befestigungen gelegentlich überprüft werden müssen.

Bei vielen mit Klickpedalen ausgelieferten Mountainbikes sind diese auf einer Seite mit Kunststoffabdeckungen versehen, die das Fahren mit normalen Straßenschuhen ermöglichen. Mein Rat dazu lautet: Entfernen Sie solche Abdeckungen und fahren Sie das Rad mit speziellen Radschuhen – oder tauschen Sie die Pedale gegen konventionelle Bärentatzen aus, die beidseitig mit Straßenschuhen gefahren werden können. Um die Abdeckungen entfernen zu können, werden sie auf einer Seite angehoben aus der Pedal-Arretierung getrennt.

An Standardpedalen finden sich zumeist (gesetzlich vorgeschriebene!) Reflektoren, deren Festigkeit von Zeit zu Zeit kontrolliert werden muss, zudem sollten beschädigte oder abgefallene Reflektoren zur eigenen Sicherheit unverzüglich ersetzt werden.

Erforderliche Arbeiten sollten immer nur an einem Pedal durchgeführt werden, da gleich aussehende Teile nicht immer gleich sind und man beim Vertauschen erhebliche Schäden anrichten kann.

Pedale ersetzen

Diese Arbeit kann nötig werden, wenn Pedale beschädigt sind, wenn das Fahrrad zum Transport möglichst schmal gemacht werden soll oder wenn zwischen Klick- und Bärentatzen-Pedalen gewechselt werden

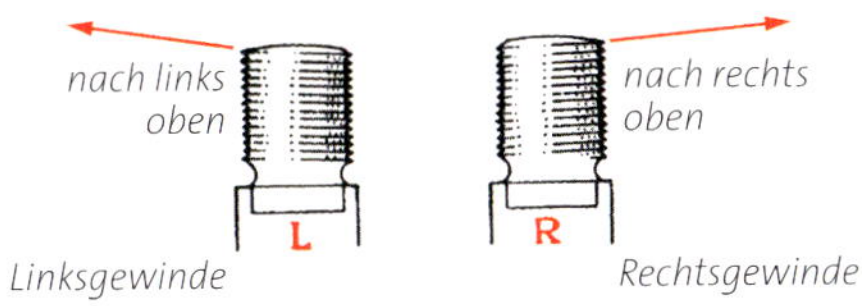

12.5 Unterschiede zwischen Links- und Rechtsgewinde.

soll. Das für diese Zwecke benötigte Werkzeug ist ein Maulschlüssel mit entweder 15 mm oder 9/16 Zoll (14,3 mm) Maulweite, ggf. reicht auch ein 6er-Inbusschlüssel.

Werkzeug und Ausrüstung

- Passender Pedalschlüssel oder möglichst langer 6er-Inbusschlüssel (falls die Pedale nicht zu fest sitzen)
- Schmiermittel
- Lappen

12.6 Pedalgewinde müssen regelmäßig gereinigt und geschmiert werden.

Ausbau

1. Setzen Sie entweder den Maulschlüssel an den Abflachungen zwischen dem Pedal und der Kurbel oder den Inbusschlüssel an der Pedalachse innen an der Kurbel an. Bei sehr fest sitzenden Achsen empfiehlt sich der Einsatz des Maulschlüssels.
2. Halten Sie die Kurbel gut fest und drehen Sie den Schlüssel am rechten Pedal gegen den Uhrzeigersinn bzw. am linken Pedal im Uhrzeigersinn.
3. Schrauben Sie die Pedalachse vollständig aus der Kurbel.

Einbau

1. Reinigen Sie die Gewinde des Pedals und der Kurbel und ölen Sie sie leicht ein.
2. Richten Sie die Pedalachse vorsichtig zur Kurbel aus und drehen Sie sie von Hand ein – links linksherum, rechts rechtsherum.
3. Ziehen Sie die Pedalachse mit dem beim Ausbau verwendeten Werkzeug sorgfältig an – aber nicht übermäßig fest.

Klickpedal-Auslösekraft einstellen

Wenn Fahrradschuhe nicht richtig in Klickpedalen halten oder nur schwierig zu befreien sind, kann dies durch ein Justieren der Auslösekraft angepasst werden.

Werkzeug und Ausrüstung

- Inbusschlüssel für die Einstellschrauben

Prozedur

1. Markieren Sie das Pedal an einer Seite, um sicherzustellen, dass die jeweilige

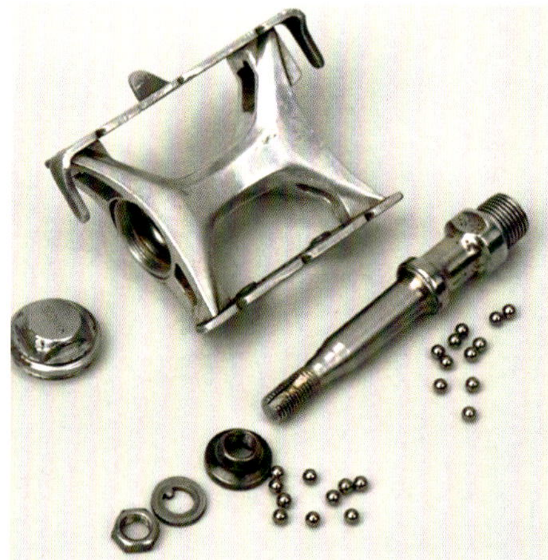

12.7 Einstellen der Auslösekraft an einem Klickpedal.
12.8 Ein zerlegtes Pedal mit Konuslagern (rechts).

Einstellung immer an der gleichen Seite vorgenommen wird. Klicken Sie den Schuh ein und kontrollieren Sie die Auslösung.

2. Finden Sie am Pedal die entsprechende Einstellschraube für die Auslösung der markierten Seite.
3. Drehen Sie die Schraube in die gewünschte Richtung, um die Auslösekraft zu erhöhen oder zu verringern.
4. Prüfen Sie die Funktion der Auslösung und nehmen Sie nötigenfalls weitere Einstellungen vor.
5. Stellen Sie ggf. die Auslösekraft der anderen Seite ein.

Konus-Pedallager einstellen

Diese Arbeit wird bei montiertem Pedal erledigt, um eine korrekte Einstellung gut erfühlen zu können. Wenn das Pedal allerdings über einen umlaufenden Lagerkäfig verfügt, muss es eventuell demontiert werden, um den Käfig für den Zugang zum äußeren Lager entfernen zu können.

Werkzeug und Ausrüstung

- Werkzeug zum Entfernen der Staubkappe
- Maul- und Steckschlüssel zum Kontern der Achse und Lösen der Mutter
- Kleiner Schraubendreher

Prozedur

1. Halten Sie das an der Kurbel sitzende Pedal und lösen Sie die Staubkappe – sie kann eingesteckt oder eingeschraubt sein.
2. Lockern Sie die Kontermutter etwa eine Umdrehung.
3. Drehen Sie den Konus mit dem passenden Werkzeug eine Viertelumdrehung hinein oder heraus, um das Lager spielfrei zu machen oder zu lockern.
4. Halten Sie den Konus mit dem Werkzeug und ziehen Sie die Kontermutter an.
5. Prüfen Sie die Einstellung der Lager und nehmen Sie nötigenfalls weitere Einstellungen vor. Die Kontermutter muss abschließend korrekt angezogen sein.
6. Installieren Sie die Staubkappe.

Konuslager-Pedale überholen

Obwohl diese Arbeit auch bei montierten Pedalen erledigt werden kann, empfiehlt es sich, sie zuvor zu demontieren – und sie anschließend wieder anzuschrauben. Wenn das Pedal über einen umlaufenden Lagerkäfig verfügt, muss es demontiert werden, um den Käfig für den Zugang zum äußeren Lager (und dessen Schmierung) entfernen zu können.

Weil viele Bauteile zwischen dem linken und dem rechten Pedal nicht austauschbar sind, sollte zurzeit immer nur ein Pedal zerlegt werden.

Werkzeug und Ausrüstung

- Werkzeug zum Entfernen der Staubkappe
- Maul- und Steckschlüssel zum Kontern der Achse und Lösen der Mutter
- Kleiner Schraubendreher
- Lappen
- Lagerfett

Zerlegen

1. Halten Sie das Pedal und lösen Sie die Staubkappe – sie kann eingesteckt oder eingeschraubt sein.
2. Lösen Sie die Kontermutter und entfernen Sie sie. Entnehmen Sie dann die innen mit einer Lasche versehene Sicherungsscheibe.
3. Lösen Sie den Konus mit dem passenden Werkzeug und entfernen Sie ihn.
4. Ziehen Sie das Pedalgehäuse von der Achse und stellen Sie sämtliche Lagerkugeln sicher.

Überholen und Zusammenbau

1. Reinigen und inspizieren Sie alle Komponenten und ersetzen Sie verschlissene, korrodierte und beschädigte Teile – generell empfiehlt es sich, die Lagerkugeln (ggf. samt der Käfige) zu ersetzen.
2. Versehen Sie die Lagerschalen mit Lagerfett und drücken Sie die Kugeln hinein.

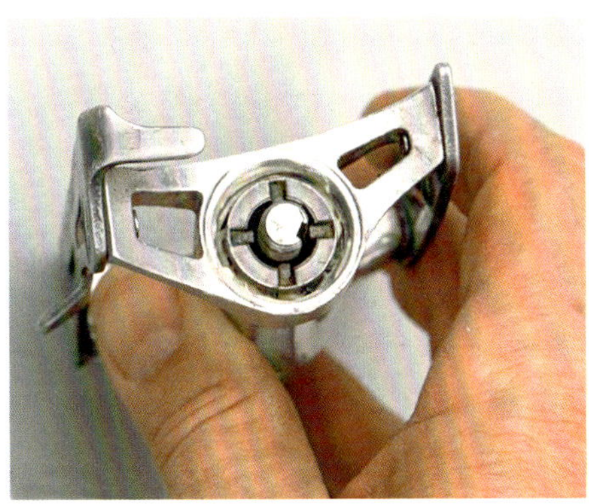

12.9 Um ein Konuslager einstellen zu können, muss eventuell die Bärentatze demontiert werden (links).
12.10 Die Einstellvorrichtung eines Konuslagers nach der Demontage der Staubkappe und der Kontermutter (oben).

3. Schieben Sie das Pedalgehäuse mit der größeren Lagerschale voran auf die Achse – achten Sie darauf, nicht die Kugeln zu verlieren.
4. Drehen Sie den Konus auf, bis sich die Lager gerade noch locker anfühlen.
5. Legen Sie die Sicherungsscheibe mit der Lasche zur Nut ausgerichtet ein – ersetzen Sie die Scheibe, falls sie so stark verschlissen ist, dass die Lasche aus der Nut rutscht.
6. Halten Sie den Konus mit dem Werkzeug und ziehen Sie die Kontermutter an.
7. Prüfen Sie die Einstellung der Lager und nehmen Sie nötigenfalls weitere Einstellungen vor. Die Kontermutter muss abschließend korrekt angezogen sein.
8. Installieren Sie die Staubkappe.

Patronenpedallager warten

Diese Arbeit kann bei montierten oder demontierten Pedalen durchgeführt werden. Weil viele Bauteile zwischen dem linken und dem rechten Pedal nicht austauschbar sind, sollte zurzeit immer nur an einem Pedal gearbeitet werden.

Werkzeug und Ausrüstung

- Ringschlüssel für den in das Pedalgehäuse geschraubten Stutzen
- Lappen
- Schmiermittel

Zerlegen

1. Halten Sie den in das Pedalgehäuse geschraubten Sechskantstutzen und drehen Sie das Gehäuse von Hand ab – es kann ein Rechts- oder Linksgewinde haben.
2. Ziehen Sie das Pedalgehäuse ab. Jetzt muss die Pedalachse (mit dem inneren Lager) vom Pedalgehäuse (mit dem äußeren Lager) getrennt werden.
3. Prüfen Sie, ob der Zugang zum im Pedalgehäuse sitzenden äußeren Lager möglich ist. Eventuell wird dazu ein Spezialwerkzeug benötigt, sodass der Ausbau von einer Fachwerkstatt erledigt werden sollte.

Überholen und Zusammenbau

1. Überprüfen Sie alle zugänglichen Bauteile. Falls Schäden festgestellt werden, kann vielleicht das Patronenlager ausgetauscht werden – nötigenfalls sind die gesamten Pedale zu ersetzen.
2. Falls sich die Lager ausbauen lassen, muss dies erledigt werden; andernfalls muss versucht werden, die Lager-Dicht-

12.11 Ein aus einem Klickpedal entferntes Patronenlager.

12.12 Das Patronenlager ist in das Pedalgehäuse geschraubt (links).
12.13 Eine demontierbare Plattform für Klickpedale, um sie mit normalen Straßenschuhen zu fahren (oben).

ringe anzuheben, um Zugang zu den Lagern zu erhalten.

3. Schmieren Sie die Lager und montieren Sie alle Teile an die Pedalachse.
4. Bauen Sie alles wieder zusammen und installieren Sie das Patronenlager in das Pedalgehäuse.
5. Ziehen Sie das Patronenlager vollständig an.

Schuhplättchen einstellen

Klickpedale müssen mit speziellen Fahrradschuhen verbunden werden. Das Shimano Pedaling Dynamics (SPD) System ist bei Mountainbikes seit vielen Jahren Standard und seine Einstellung ist hier beschrieben.

Werkzeug und Ausrüstung

- 5er-Inbusschlüssel

Einstellung

1. Ziehen Sie den Fahrradschuh an, ermitteln Sie die Mitte des Fußballens und markieren Sie sie seitlich an der Sohle mit einem Filzstift.
2. Ziehen Sie den Schuh aus und lockern Sie die Inbusschrauben, mit denen die Schuhplatten (»Cleats«) am Schuh gehalten werden, um etwa eine Umdrehung, sodass sich die Platten von Hand bewegen lassen, aber nicht wackeln.
3. Klicken Sie den Schuh am Pedal ein und kontrollieren Sie die Position der Linie im Verhältnis zur Pedalachse. Verschieben Sie den Schuh, bis die Linie über der Achse liegt und der Schuh parallel zur Kurbel steht.
4. Ziehen Sie die Schrauben und führen Sie eine Probefahrt durch – wenn dabei im Knie eine seitliche Bewegung festgestellt wird, muss die Position des Schuhs

durch leichte Verschiebungen des Hackens feinjustiert werden. Führen Sie weitere Probefahrten durch, bis eine bequeme Position gefunden wurde.

12.14 *Ein Kombipedal mit Konuslagern.*

Kombipedale

Bei diesen auch bifunktionale Pedale genannten Pedalen lassen sich Fahrradschuhe nur an einer Seite einklicken, während sie an der anderen Seite mit einer Bärentatze ausgerüstet sind, sodass sie auch mit normalen Schuhen gefahren werden können. Die Wartung entspricht derjenigen an anderen Pedalen. Kombipedale lassen sich zumeist mit den gesetzlich vorgeschriebenen Reflektoren ausrüsten.

12.15 *Einfädeln der Riemen an Hakenpedalen.*

Hakenpedale

Viele konventionelle Pedale lassen sich mit hakenförmigen Bügeln ausrüsten, die mithilfe von Riemen die gleichen Vorteile bieten wie Klickpedale, ohne dass spezielle Schuhe nötig werden. Die Haken lassen sich mit einem Schraubendreher und einem kleinen Schraubenschlüssel installieren, dann werden die Riemen durch die Pedaltatzen und die Öse des Hakens gezogen. Hakenpedale lassen sich zumeist mit den gesetzlich vorgeschriebenen Reflektoren ausrüsten.

13 Lenkung

Die Lenkung besteht aus dem Lenker, den Steuersatz-Lagern, dem Vorbau und der Gabel. Da die meisten modernen Mountainbikes mit Federgabeln ausgerüstet sind, werden diese gesondert in Kapitel 16 behandelt.

Mountainbikes sind im Gegensatz zu Straßenrädern fast ausnahmslos mit geraden Lenkern ausgerüstet, die kaum Kröpfung aufweisen. Der Lenker ist in den Vorbau geklemmt, der ihn mit dem Gabelschaft verbindet. Bei älteren Modellen sitzt der Vorbau innerhalb des Gabelschaftes, der in einem Gewinde-Steuersatz geführt war. Bei modernen Mountainbikes kommen fast ausnahmslos sogenannte Aheadset-Steuersätze ohne Gewinde am Gabelschaft zum Einsatz.

Generell müssen vor der Demontage von Schalt- und/oder Bremshebeln die Griffgummis vom Lenker gezogen werden.

Lenkerhöhe einstellen

Unglücklicherweise funktioniert die einfachste aller Lenker-Anpassungen nur bei altmodischen Gewinde-Steuersätzen. Bei modernen Mountainbikes mit Aheadsets ist eine Veränderung der Lenkerhöhe nur mit einem anderen Vorbau möglich.

Werkzeug und Ausrüstung

- Inbus- oder Schraubenschlüssel
- Holz- oder Kunststoffhammer (oder Stahlhammer und Holzstück zum Schutz)

Prozedur

1. Stellen Sie sich vor das Fahrrad und klemmen Sie das Vorderrad zwischen die Beine. Entfernen Sie ggf. den Stopfen oben aus dem Vorbau und lockern Sie die Klemmschraube um etwa fünf Umdrehungen.
2. Klopfen Sie die Schraube herunter, um den im Gabelschaft sitzenden Keil zu

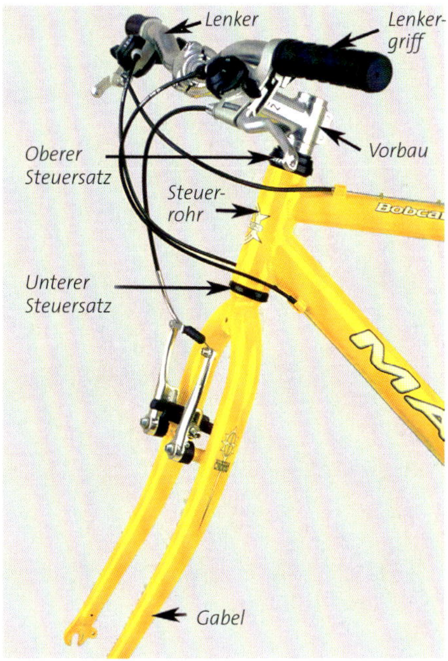

13.1 Die Basiselemente einer Fahrradlenkung – hier ein Mountainbike ohne Federgabel.

lösen – der Vorbau lässt sich jetzt im Schaft drehen.

3. Bringen Sie den Lenker auf die gewünschte Höhe und halten Sie ihn dort fest.
4. Kontrollieren Sie, ob die Markierung für die maximale Ausziehbarkeit des Vorbaus noch nicht über dem Steuersatz sichtbar ist – falls ja, muss der Vorbau wieder ein Stück abgesenkt werden, damit er sicher im Schaft hält.
5. Halten Sie den Lenker in der ausgewählten Höhe und korrekt ausgerichtet fest und ziehen Sie die Klemmschraube im Vorbau wieder sorgfältig an.

Anmerkungen

A. Falls am Vorbau keine Markierung für die maximale Ausziehbarkeit erkennbar ist, muss dafür gesorgt werden, dass mindestens 6,5 cm des Vorbaus eingeklemmt sind – es gibt kaum eine unangenehmere Überraschung als ein sich während der Fahrt lösender Vorbau.

B. Bei Mountainbikes mit Aheadset-Steuersätzen kann die Lenkerhöhe nur mit

13.2 Ausrichten des Lenkers (links).
13.3 Klassischer Vorbau an einem Gewinde-Steuersatz (oben).
13.4 Lockern Sie die Klemmschraube, um die Lenkerhöhe zu verändern (unten).

13.5 Lenkung mit gewindelosem Steuersatz.
13.6 Steuersatz-Einstellschraube eines Aheadsets (rechts).

einem anderen Gabelschaft und Distanzringen oder einem neuen Vorbau verändert werden. Beim Fahrradhändler sind in der Neigung verstellbare Vorbauten erhältlich. Beachten Sie hierzu die Hinweise ab Seite 132.

Lenkerwinkel einstellen

Wenn das Fahrrad nicht mit einer völlig geraden Lenkstange ausgerüstet ist, kann durch Drehen des Lenkers in der Vorbau-Klemmung eine individuelle Position eingestellt werden.

Werkzeug und Ausrüstung
- Inbusschlüssel

Prozedur
1. Lockern Sie vorn am Vorbau die Klemmschraube(n) des Lenkers um etwa eine Umdrehung.
2. Drehen Sie den Lenker in die gewünschte Position – achten Sie darauf, dass er mittig geklemmt bleibt.
3. Halten Sie den Lenker in der gewünschten Position und ziehen Sie die Klemmschraube(n) wieder an.
4. Richten Sie Schalt- und Bremshebel wieder so aus, dass sie sich gut greifen lassen.

Lenker ersetzen

Besonders aus Leichtmetall bestehende Lenker sollten nach einem Sturz und auch längerer harter Belastung ausgetauscht werden, da sie sonst plötzlich brechen können. Ein neuer Lenker kann auch ein unbequemes Fahrrad schnell und preiswert angenehm machen. Achten Sie beim Kauf darauf, dass der neue Lenker zum Durchmesser des Vorbaus passt – oder ersetzen Sie diesen ebenfalls (siehe Seite 132).

Werkzeug und Ausrüstung

- Inbusschlüssel und andere Werkzeuge, die zum Austausch der am Lenker befindlichen Bauteile benötigt werden.

Prozedur

1. Demontieren Sie alle am Lenker befindlichen Bauteile (Griffgummis, Schalt- und Bremshebel, Klingel usw.).
2. Lösen Sie vorn am Vorbau die Klemmschraube(n) des Lenkers.
3. Falls der Lenker nicht mit einem entnehmbaren Klemmstück gesichert ist, muss er aus der Klemmung herausgezogen werden. Nötigenfalls muss die Klemmung mit einem Schraubendreher o. ä. etwas weiter geöffnet werden, um den Ausbau zu erleichtern.
4. Installieren Sie den neuen Lenker, richten Sie ihn im korrekten Winkel und mittig aus und ziehen Sie die Klemmschraube(n) sorgfältig an.
5. Installieren Sie alle entfernten Bauteile.

13.7 Lenkerklemmschrauben am Vorbau.

Vorbau ersetzen

Der Vorbau muss ersetzt werden, falls der Abstand zwischen Sattel und Lenker nicht stimmt und/oder bei einem Aheadset-Steuersatz die Lenkerhöhe verändert werden soll. Achten Sie bei Kauf darauf, dass der Vorbau von der Ausführung und der Größe zu den vorhandenen Bauteilen des Steuersatzes sowie zum Lenker passt. Demontieren Sie zuerst den Lenker (siehe oben).

Werkzeug und Ausrüstung

- Inbusschlüssel
- Bei Gewinde-Steuersätzen: Holz- oder Kunststoffhammer (oder Stahlhammer und Holzstück zum Schutz)

Prozedur

1. Ermitteln Sie zuerst, ob das Fahrrad mit einem Gewinde-Steuersatz (Abb. 13.3) oder einem Aheadset (Abb. 13.5) ausgerüstet ist.
   - Entfernen Sie bei einem Gewinde-Steuersatz ggf. den Stopfen oben aus dem Vorbau und lockern Sie die Klemmschraube um etwa fünf Umdrehungen. Klopfen Sie die Schraube herunter, um den im Gabelschaft sitzenden Keil zu lösen – der Vorbau lässt sich jetzt im Schaft drehen.
   - Lösen Sie bei einem Aheadset zunächst die Inbusschraube oben im Vorbau, die hier nur eine Einstellfunktion hat (Abb. 13.6). Entfernen Sie diese samt der darunterliegenden Kappe. Lösen Sie nun die Klemmschrauben, die den Vorbau am oben aus den Lenkkopflagern herausragenden Gabelschaft sichern.

2. Entfernen Sie den alten Vorbau.
3. Lockern Sie die Klemmschraube(n) des neuen Vorbaus, um ihn entweder in oder über den Gabelschaft führen zu können.
    - Schmieren Sie bei einem Gewinde-Steuersatz den Keil und das Gewinde der Klemmschraube, schieben Sie den Vorbau in die gewünschte Position und richten Sie ihn korrekt aus.
    - Installieren Sie bei einem Aheadset-Vorbau ggf. alle erforderlichen Distanzringe und schieben Sie den Vorbau über den Gabelschaft – ziehen Sie aber noch nicht die Klemmschrauben an. Installieren Sie die Kappe und die Schraube, um damit den Vorbau auszurichten. Erst dann werden die Klemmschrauben angezogen.
4. Montieren Sie den Lenker (siehe oben).
5. Richten Sie Schalt- und Bremshebel wieder so aus, dass sie sich gut greifen lassen.

13.8 Demontage eines Lenkergriffs.
13.9 Montage von Lenkerhörnchen (links).

Griffgummis ersetzen

Wenn die Griffgummis verschlissen oder unbequem sind, oder wenn Schalt- oder Bremshebel demontiert werden sollen, müssen die Griffe entfernt werden.

Werkzeug und Ausrüstung

- Schraubendreher
- Manchmal warmes Wasser, Geschirrspülmittel, Haarspray und/oder ein scharfes Messer

Prozedur

1. Wenn sich die alten Griffgummis nicht abziehen oder abdrehen lassen, müssen sie von der Innenseite her mit einem kleinen Schraubendreher etwas angehoben werden, um Spülmittel einträufeln zu können. Bringt auch dies nichts, werden die Griffe längs aufgeschnitten und abgeschält.
2. Nachdem der Lenker und ggf. die alten Griffe vom Spülmittel befreit sind, werden die Griffe aufgeschoben. Geht dies zu schwierig, werden sie eine Zeit lang in warmes Wasser gelegt, damit sie fle-

xibler werden. Um Griffgummis besser am Lenker halten zu lassen, können sie vor dem Aufschieben innen mit Haarspray eingesprüht werden.

Lenkerhörnchen montieren

Diese auch Bar-Ends genannten nach vorne zeigenden Erweiterungen können an die Enden des Lenkers geschraubt werden, um das Fahren in verschiedenen Sitzpositionen zu ermöglichen. Sie werden um das Lenkerrohr geklemmt. Da gerade Hörnchen sich leicht in Gebüschen und anderen Dingen verhaken sowie bei einem Sturz ein Risikofaktor sind, sollte darauf geachtet werden, dass sie umgebogen und mit flexiblen Protektoren ausgerüstet sind.

Werkzeug und Ausrüstung

- Inbusschlüssel

Prozedur

1. Schneiden Sie von den vorhandenen Griffgummis etwa 2 cm ab oder ersetzen Sie sie durch offene Ausführungen, die soweit auf den Lenker geschoben werden, dass ca. 2 cm Lenkerrohr überstehen.
2. Stecken Sie die Hörnchen leicht nach oben zeigend (ca. 15–30°) so auf den Lenker, dass die Klemmschrauben unten liegen.
3. Richten Sie die Hörnchen parallel zueinander aus und ziehen Sie die Klemmschrauben sorgfältig an.
4. Machen Sie eine Probefahrt und justieren Sie die Hörnchen nötigenfalls nach.

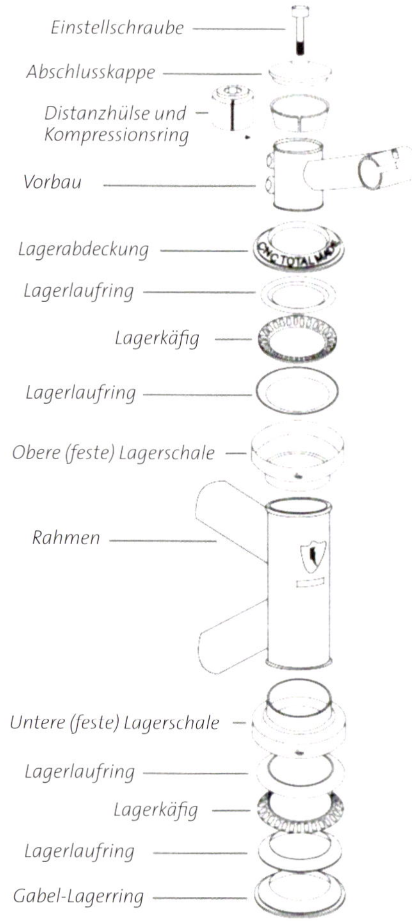

13.10 Explosionszeichnung eines Aheadset-Steuersatzes.

Steuersätze warten

Der Steuersatz ist das Zentrum des Lenksystems. Die beiden Grundversionen – mit und ohne Gewinde (Aheadset) sind in den Abbildungen 13.10 und 13.16 dargestellt. Grundsätzlich wird der Gabelschaft in zwei Wälzlagern geführt, die sich unten und oben im oder am Steuerrohr des Rah-

13.11 Einstellschraube und Abdeckkappe eines Aheadset-Steuersatzes.

mens befinden. Die gewindelosen Steuersätze unterteilen sich in Aheadsets (mit außenliegenden Lagern), integrierte und konische Steuersätze.

Anders als die anderen Lager des Fahrrades werden Steuersätze hauptsächlich axial belastet und kaum gedreht. Dies sorgt für erhöhten Verschleiß, sodass die Lager jährlich erneuert werden sollten.

Die meisten modernen Mountainbikes sind mit Aheadset-Steuersätzen ausgerüstet (wobei es sich hierbei eigentlich um einen geschützten Markennamen handelt), die mit einer oben im Vorbau sitzenden Schraube eingestellt werden.

Ältere Fahrräder sind oft mit Gewinde-Steuersätzen versehen, was nicht schlechter sein muss – nur eben altmodisch ist. Hier wird das Lagerspiel mit der auf den Gabelschaft geschraubten Lagerschale eingestellt.

Bei integrierten Steuersätzen handelt es sich um gewindelose Ausführungen, die allerdings aus weniger Bauteilen bestehen und direkt im Steuerrohr sitzen. Ein Vergleich der Abbildungen lässt erkennen, um welchen Typ es sich beim eigenen Mountainbike handelt.

Wartungsarbeiten am Steuersatz beinhalten das Einstellen, das Überholen und das Ersetzen der Lager. Diese Arbeiten unterscheiden sich je nach Grundversion. Manche dieser Arbeiten müssen auch ausgeführt werden, wenn beispielsweise die Gabel ausgebaut werden soll.

Gewindelose Steuersätze überholen/reparieren

Gewindelose Steuersätze erfordern eine spezielle Gabel, deren Gabelschaft völlig glatt sein muss. Die oben im Vorbau sitzende Schraube hält nicht die Teile zusammen, sondern dient nur der Einstellung der Lager. Bevor mit der eigentlichen Arbeit begonnen wird, müssen die Vorderradbremse ausgehängt und das Vorderrad ausgebaut werden.

Werkzeug und Ausrüstung

- Inbusschlüssel
- Lappen
- Lagerfett

Zerlegen

1. Lösen Sie die oben im Vorbau sitzende Inbusschraube und entfernen Sie sie samt der Kappe.
2. Halten Sie die Gabel im Steuerrohr fest, lockern Sie die Klemmschrauben des Vorbaus oben am Gabelschaft und

13.12 Befestigungsklemmschrauben eines Aheadset-Vorbaus.

13.13 Die Distanzringe am Gabelschaft dienen der Höheneinstellung des Vorbaus.

ziehen Sie den Vorbau samt aller Distanzringe ab.

3. Ziehen Sie die Gabel aus dem Steuerrohr und stellen Sie die Lagerkugeln sicher.

Überholen

1. Reinigen und inspizieren Sie alle Komponenten und ersetzen Sie verschlissene, korrodierte und beschädigte Teile – falls Einzelteile oder der gesamte Steuersatz ersetzt werden müssen, sollte die Gabel mit zum Händler genommen werden, damit sichergestellt wird, dass alle Ersatzteile die korrekte Größe haben.
2. Falls der gesamte Steuersatz erneuert werden muss, sollten die festen Komponenten (die obere und untere Lagerschale am Rahmen sowie der Lagerring an der Gabel) besser von einer Fachwerkstatt montiert werden – die Anschaffung der dazu nötigen Werkzeuge lohnt sich für den Hobbyschrauber kaum.

Einbau

1. Füllen Sie die am Rahmen sitzenden Lagerschalen mit Lagerfett.
2. Stützen Sie den Rahmen verkehrt herum und drücken Sie den Lagerkäfig mit den Kugeln in die untere Lagerschale.
3. Schieben Sie die ebenfalls verkehrt herum gehaltene Gabel mit dem Schaft in das Steuerrohr, bis die unteren Lagerkugeln sicher zwischen dem Lagerring der

Gabel und der Lagerschale des Rahmens liegen.

4. Halten Sie die Gabel im Steuerrohr fest und stellen Sie den Rahmen richtig herum hin.
5. Halten Sie die Gabel weiterhin mit einer Hand im Rahmen. Schieben Sie zuerst den Lagerkäfig samt der Kugeln über den Gabelschaft in die Lagerschale und legen Sie dann den Innenring auf.
6. Installieren Sie den geschlitzten, konisch geformten Ring (oder zwei konisch geformte Segmente) in den Gabelschaft. Legen Sie alle entfernten Distanzringe über den Schaft und schieben Sie den Vorbau auf. Drehen Sie die Klemmschrauben nur so weit ein, dass alles zusammengehalten wird, sich aber frei verschieben lässt.
7. Installieren Sie die Kappe über den Gabelschaft und sichern Sie sie locker mit der in die im Gabelschaft steckenden Kralle gedrehten Einstellschraube.
8. Stellen Sie die Lager mit der Inbusschraube ein (rechts herum = fester; links herum = lockerer), richten Sie den Vorbau korrekt aus und ziehen Sie seine Klemmschrauben an.

Anmerkung

Falls die Sternmutter zu weit in den Gabelschaft gedrückt wurde oder sich schräg stellt, kann sie mit einem ausreichend langen Werkzeug nach unten herausgedrückt werden. Der Einbau einer Kralle geschieht wieder von oben, erfordert aber Spezialwerkzeug.

Anmerkung zu Integrierte Steuersätzen

Integrierte Steuersätze funktionieren genauso wie andere gewindelose Ausführungen, nur sitzen die Lagerschalen hier

13.14 Innerhalb des Gabelholms sitzt die Krallenmutter, in welche die Einstellschraube greift.
13.15 Bei herausgezogenem Gabelschaft wird der darauf sitzende Lagerring sichtbar (rechts).

im Steuerrohr. Einstellung, Ausbau, Überholen und Einbau der Teile ähnelt den Prozeduren bei Aheadsets, nur gibt es hier ein paar Bauteile weniger.

Gewinde-Steuersätze einstellen

Falls die Lager zu fest oder zu locker sind, muss zunächst versucht werden, sie einzustellen. Wenn dies nicht funktioniert, müssen sie überholt und nötigenfalls ausgetauscht werden (siehe Seite 139).

Werkzeug und Ausrüstung

- Steuersatz-Schlüssel (in zum Fahrrad passenden Größen)
- Manchmal kann als Ersatz für einen Steuersatzschlüssel ein passender Rollgabelschlüssel verwendet werden.
- Eventuell ein kleiner Inbusschlüssel, falls der Lager-Konterring mit Madenschrauben gesichert ist.

Prozedur

1. Lockern Sie den über dem oberen Lager sitzenden Konterring um etwa eine Umdrehung (es sei denn, darunter sitzt bei älteren Modellen ein gezackter Ring – dann muss der Konterring soweit abgeschraubt werden, bis dessen Zähne freiliegen). Falls der Konterring mit einer oder mehreren Madenschrauben gesichert ist, müssen diese zunächst gelockert werden.
2. Heben Sie die innen mit einer Lasche versehene Sicherungsscheibe ab, um die einstellbare Lagerschale drehen zu können.

13.16 Explosionszeichnung eines Gewinde-Steuersatzes.

13.17 Einstellung eines Gewinde-Steuersatzes.

3. Drehen Sie die einstellbare Lagerschale schrittweise um Achtelumdrehungen (45°) nach links oder rechts, um die Lager zu lockern oder fester zu ziehen. Wenn die Lager leicht locker sind, ist das Spiel in Ordnung, da es durch den Anzug des Konterrings noch etwas strammer wird.
4. Ziehen Sie den Konterring vollständig an, während Sie mit dem anderen Schlüssel den Lagerring kontern.
5. Prüfen Sie jetzt, ob die Lager korrekt angezogen sind und führen Sie nötigenfalls Feineinstellungen durch. Ziehen Sie zum Schluss den Konterring fest an.

Gewindelose Steuersätze einstellen

Aheadset-Lager müssen seltener nachjustiert werden, doch von Zeit zu Zeit ist auch bei ihnen Hand anzulegen.

Werkzeug und Ausrüstung
- Inbusschlüssel

Prozedur
1. Lockern Sie die Klemmschrauben, die den Vorbau am Gabelschaft sichern, um etwa eine Umdrehung.
2. Drehen Sie die Inbusschraube oben im Vorbau nach links oder rechts – es ist keine Befestigungsschraube, die fest angezogen wird, sondern lediglich eine Einstellschraube (und die Kunststoff- oder Aluminiumkappe unter ihr bricht, sobald sie zu fest angezogen wird).
3. Wenn sich die Einstellung korrekt anfühlt, wird der Vorbau korrekt ausgerichtet und durch das Anziehen seiner Klemmschrauben gesichert.

13.18 Beim Gewinde-Steuersatz muss die Lasche der Sicherungsscheibe in die Nut des Gabelschafts greifen.

Gewinde-Steuersätze überholen/reparieren

Diese Arbeit ist erforderlich, wenn die Lenkung rau wird, aber das Problem nicht durch Einstellen des Steuersatzes gelöst werden kann. Zunächst müssen der Vorbau und das Vorderrad demontiert werden.

Werkzeug und Ausrüstung
- Steuersatz-Schlüssel (in zum Fahrrad passenden Größen)
- Eventuell ein kleiner Inbusschlüssel, falls der Lager-Konterring mit Madenschrauben gesichert ist.
- Lappen
- Lagerfett

13.19 Lagerkäfig mit Kugeln eines Gewinde-Steuersatzes (links).
13.20 Die Lagerkugeln eines Gewinde-Steuersatzes können nach dem Ausbau des Gabelschaftes gereinigt und geschmiert werden (oben).

Zerlegen

1. Lockern und entfernen Sie den über dem oberen Lager sitzenden Konterring (ggf. nach dem Lösen der ihn sichernden Madenschrauben).
2. Heben Sie die innen mit einer Lasche versehene Sicherungsscheibe ab (beachten Sie die dazugehörige Nut im Gabelschaft), um die einstellbare Lagerschale drehen zu können.
3. Drehen Sie die einstellbare Lagerschale ab (ggf. nach dem Lösen der sichernden Madenschrauben) – halten Sie dabei die Gabel im Steuerrohr.
4. Nehmen Sie die (normalerweise in einem Käfig geführten) Lagerkugeln aus der oberen festen Lagerschale.
5. Ziehen Sie die Gabel nach unten aus dem Steuerrohr und stellen Sie die (normalerweise in einem Käfig geführten) unteren Lagerkugeln sicher.

Überholen

1. Reinigen und inspizieren Sie alle Komponenten und ersetzen Sie verschlissene, korrodierte und beschädigte Teile. Ein besonderes Problem sind regelmäßige Vertiefungen in den unteren Lagern durch eingedrückte Lagerkugeln, sodass die Lenkung regelrecht einrastet. Falls Einzelteile oder der gesamte Steuersatz ersetzt werden müssen, sollte die Gabel mit zum Händler genommen werden, damit sichergestellt wird, dass alle Ersatzteile die korrekte Größe haben.
2. Falls der gesamte Steuersatz erneuert werden muss, sollten die festen Komponenten (die obere und untere Lagerschale am Rahmen sowie der Lagerring an der Gabel) besser von einer Fachwerkstatt montiert werden – die Anschaffung der dazu nötigen Werkzeu-

ge lohnt sich für den Hobbyschrauber kaum.

Einbau

1. Füllen Sie die am Rahmen sitzenden Lagerschalen mit Lagerfett.
2. Stützen Sie den Rahmen verkehrt herum und drücken Sie den Lagerkäfig mit den Kugeln in die untere Lagerschale.
3. Schieben Sie die ebenfalls verkehrt herum gehaltene Gabel mit dem Schaft in das Steuerrohr, bis die unteren Lagerkugeln sicher zwischen dem Lagerring der Gabel und der Lagerschale des Rahmens liegen.
4. Halten Sie die Gabel im Steuerrohr fest und stellen Sie den Rahmen richtig herum hin.
5. Halten Sie die Gabel weiterhin mit einer Hand im Rahmen. Schieben Sie zuerst den Lagerkäfig samt der Kugeln über den Gabelschaft in die Lagerschale und drehen Sie dann den einstellbaren Lagerring auf, bis die Lager gerade noch locker sind.
6. Legen Sie die Sicherungsscheibe mit der Lasche in die Nut des Gabelschaftes greifend über die Lagerschale und montieren Sie alle anderen Bauteile, die zwischen der Lagerschale und dem Konterring sitzen (beispielsweise Distanzhülsen oder ein Cantileverbremsen-Widerlager).
7. Halten Sie die einstellbare Lagerschale mit einem Werkzeug und ziehen Sie den Konterring vollständig an.
8. Prüfen Sie die Einstellung – die Lenkung darf weder erkennbaren Widerstand aufweisen noch locker sein –, und führen Sie nötigenfalls Feineinstellungen durch.

13.21 Falls der Konterring und/oder die Lagerschale mit Madenschrauben gesichert sind, müssen diese zuvor gelockert werden – vergessen Sie nicht, sie anschließend wieder anzuziehen.

Anmerkung zu gekapselten Lagern

Manche konventionell aussehende Steuersätze sind mit gekapselten Lagern ausgerüstet, die nicht einstellbar sind. Wenn sie Probleme machen (üblicherweise erst nach sehr langem harten Einsatz), müssen Sie in einer Fachwerkstatt ausgetauscht werden.

Gabeln kontrollieren

Diese Hinweise gelten nur für starre Gabeln ohne Federsysteme. Mit dem universellen Einzug der Federgabel wird das Ermitteln eines Verzugs einfacher – die Federung ist beeinträchtigt oder funktioniert gar nicht mehr. Hier geht es um die Ausrichtung der beiden Gabelholme zueinander sowie zum

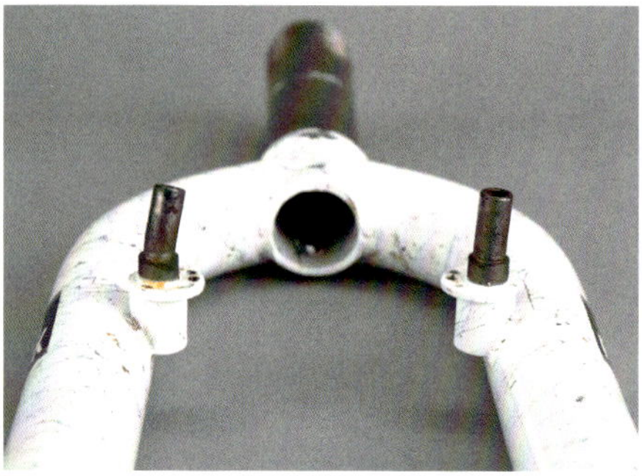

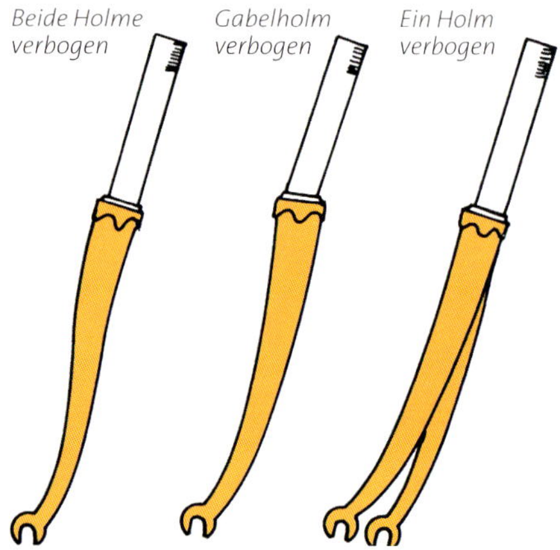

13.22 Der verbogene Bremsensockel macht diese Gabel irreparabel.
13.23 Verschiedene Möglichkeiten, eine starre Gabel kalt zu verformen (rechts).

Gabelschaft. Bei den meisten Gabeln reicht hierfür eine Sichtkontrolle.

Werkzeug und Ausrüstung

- Messschieber
- ebene Oberfläche (z. B. Spiegel)

Prozedur

1. Legen Sie die Gabel flach auf die ebene Oberfläche, stützen Sie sie dabei am Gabelkopf und den oberen Bereichen der Holme ab.
2. Vergleichen Sie den Abstand zwischen der Oberfläche und den Gabel-Enden – wird ein Unterschied festgestellt, ist die Gabel verzogen.
3. Begutachten Sie, ob die durch den Gabelschaft gezogene Linie auch durch die oberen Bereiche der Holme geht – ansonsten ist die Gabel im Bereich des Gabelkopfes verzogen.
4. Wenn irgendein Verzug festgestellt wird, sollte in einer Fachwerkstatt Rat gesucht werden.

Gabeln montieren

Bevor eine Gabel ersetzt wird, muss sichergestellt sein, dass der Steuersatz sowohl zum neuen Gabelschaft als auch zum Steuerrohr des Rahmens passt. Es gibt nicht nur Unterschiede zwischen den Steuersatz-Typen (siehe Kapitel 12), sondern alle Bauteile können auch viele unterschiedliche Durchmesser aufweisen.
Auch muss die Länge des Gabelschaftes zur Höhe des Steuerrohrs plus Steuersatz – und bei Aheadset-Ausführungen plus Vorbau und Distanzscheiben passen.
Hinzu kommt, dass neue Gabeln auch die Geometrie des Fahrrades beeinflussen können. Soll eine starre Gabel durch eine Federgabel ersetzt werden, muss berücksichtigt werden, dass durch den größeren Abstand der Vorderachse zum Gabelkopf der Lenkkopfwinkel geändert und damit die Handhabung beeinflusst wird – lassen Sie sich dazu im Fachhandel beraten.

14 Sattel und Sattelstütze

Der Sitz oder Sattel besteht üblicherweise aus einer festen, aber nicht starren Kunststoff-Basis, die auf einem Metallrahmen sitzt und mit einem dünnen Polster sowie einem Überzug aus Leder oder Kunstleder bespannt ist. Das einstellbare Verbindungsrohr zwischen dem Sattel und der Muffe im Rahmen wird Sattelstütze genannt.

Sättel für schnelles Fahren und gutes Handling sind schmal und fest, während Sättel für aufrechtes und gemütlicheres Fahren eher breit und weich (besser gesagt: weniger hart) sind. Manche Sättel sind aus festem Leder hergestellt, das direkt auf einen Metallrahmen gespannt ist.

Der Sattel ist an seinen Streben mit einem Klemmstück oben an der Sattelstütze befestigt, die mit einem Schnellspanner oder einer Klemmschraube im geschlitzten Sitzrohr des Rahmens gesichert wird. Da es Rahmen mit unterschiedlichen Sitzrohr-Innendurchmessern gibt, muss die Sattelstütze einen entsprechenden Außendurchmesser haben, um korrekt geklemmt werden zu können.

14.1 Sattel und Sattelstrebe mit »Patent«-Befestigung und Sattelstützen-Schraubschelle.

Sitzhöhe einstellen

Nachdem man beschlossen hat, wie hoch der Sattel sein soll, muss er wie folgt auf diese Höhe gebracht werden.

Werkzeug und Ausrüstung

Nichts (bei Schnellspanner-Klemme) oder

- Inbusschlüssel

Prozedur

1. Öffnen Sie entweder den Schnellspanner oder lockern Sie die Klemmschraube um zwei bis drei Umdrehungen.
2. Nutzen Sie den Sattel als Hebel, um die Sattelstütze drehend in die gewünschte Position zu bringen. Lässt sich die Stütze nicht im Rahmen bewegen, muss der Kontaktbereich zum Rahmen mit Kriechöl behandelt werden. Warten Sie ein paar Minuten und versuchen Sie erneut, die Stütze zu bewegen.

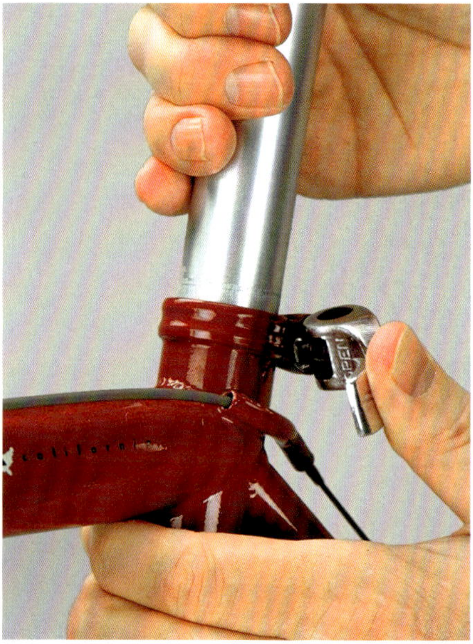

14.2 Einstellen der Sitzhöhe mithilfe einer Klemmschraube.
14.3 Einstellen der Sitzhöhe mithilfe eines Schnellspanners (links).

3. Achten Sie beim Einstellen der gewünschten Höhe darauf, dass die »MIN INSERT«-Markierung für die minimale Einstecktiefe nicht sichtbar ist (sich also noch im Sitzrohr befindet). Das Fahren mit einem zu weit herausgezogenen Sattelrohr ist gefährlich und man benötigt entweder eine längere Stütze oder einen größeren Rahmen.
4. Halten Sie den Sattel in der gewünschten Höhe und richten Sie ihn gerade aus. Ziehen Sie die Schraube an oder schließen Sie den Schnellspanner – verdrehen Sie nötigenfalls die Rändelmutter, um ihn mit einiger Handkraft sichern zu können.
5. Führen Sie nach einer Probefahrt nötigenfalls eine Feineinstellung der Sattelhöhe durch. Eventuell müssen jetzt noch die Sattelneigung und die Position – also der Abstand zum Lenker – eingestellt werden (siehe unten).

Anmerkung

Falls die Sattelstütze nicht mit einer Markierung für die minimale Einstecktiefe versehen ist, gilt als Faustregel, dass sie mindestens 6,5 cm im Sitzrohr stecken muss.

Sitzneigung und Position einstellen

Diese Einstellungen werden bei sogenannten »Patentsattelstützen« mit einer oder mehreren Schrauben vorgenommen, die üblicherweise unten an der Sattelklemme sitzen. Bei älteren »Sattelkerzen« ist an der oberen Verjüngung (daher der Name) ein Kloben angebracht, der den

Sattel mit einer seitlich eingeschobenen Schraube sichert.

Werkzeug und Ausrüstung

- Inbusschlüssel (bei älteren Modellen Schraubenschlüssel)

Prozedur

1. Schauen Sie unter den Sitz und identifizieren Sie die infrage kommenden Schrauben; üblicherweise sind sie gut von unten zugänglich, können bei älteren Ausführungen aber auch von oben zwischen Sattel und Klemme eingedreht und schwerer erreichbar sein. Bei sehr billigen Fahrrädern findet sich an beiden Seiten der Streben je eine Mutter.

14.4 Mithilfe des montierten Sattels wird der Ausbau der Sattelstütze einfacher.

2. Lockern Sie die Schraube(n) um etwa drei Umdrehungen.
3. Schieben Sie die Streben in der Klemmung vor oder zurück und schwenken Sie die Klemmung auf der Sattelstütze in die gewünschte Neigung.
4. Halten Sie den Sattel in der gewünschten Position und ziehen Sie die Schraube(n) an – bei zwei Schrauben muss dies schrittweise abwechselnd geschehen.
5. Führen Sie nach einer Probefahrt nötigenfalls eine Feineinstellung durch. Eventuell muss jetzt die Sattelhöhe neu eingestellt werden (siehe oben).

Sättel ersetzen

Um einen Sattel gegen ein anderes Modell auszutauschen, kann die Sattelstütze entweder im Rahmen verbleiben oder herausgezogen werden.

Werkzeug und Ausrüstung

- Inbusschlüssel (bei älteren Modellen Schraubenschlüssel)

Prozedur

1. Schauen Sie unter den Sitz und identifizieren Sie die infrage kommenden Schrauben; üblicherweise sind sie gut von unten zugänglich, können bei älteren Ausführungen aber auch von oben zwischen Sattel und Klemme eingedreht und schwerer erreichbar sein.
2. Lockern Sie die Schraube(n) weit genug, um den Sattel aus der Klemmung zu befreien.

14.5 *Wenn der Sattel mit zwei Schrauben geklemmt ist, müssen diese gleichmäßig angezogen werden.*

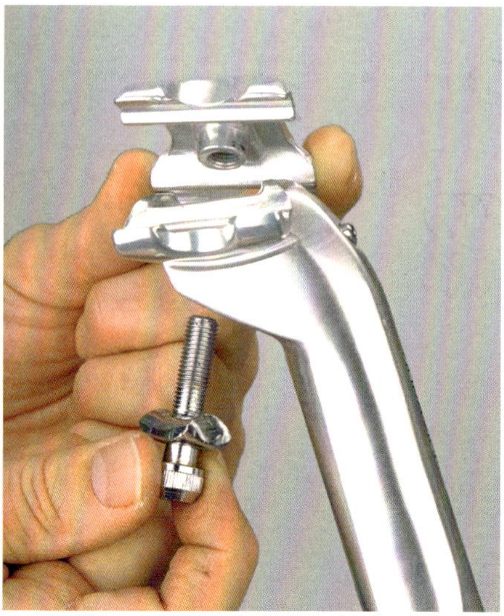

14.6 *Hier sichert eine zentrale Schraube die Klemmung des Sattels.*

3. Positionieren Sie den neuen Sattel in der Klemme, aber belassen Sie die Schraube(n) noch locker.
4. Schieben Sie die Streben in der Klemmung vor oder zurück und schwenken Sie die Klemmung auf der Sattelstütze in die gewünschte Neigung.
5. Halten Sie den Sattel in der gewünschten Position und ziehen Sie die Schraube(n) an – bei zwei Schrauben muss dies schrittweise abwechselnd geschehen.
6. Führen Sie nach einer Probefahrt nötigenfalls eine Feineinstellung durch. Eventuell muss jetzt die Sattelhöhe neu eingestellt werden (siehe oben).

Sattelstützen ersetzen

Um eine Sattelstütze auszutauschen (weil sie beschädigt oder zu kurz ist), muss der Sattel zunächst daran verbleiben. Erst wenn die Stütze aus dem Rahmen befreit ist, wird der Sattel demontiert.
Beachten Sie, dass es bei Sattelstützen viele verschiedene Durchmesser gibt, die oft nur 0,2 mm voneinander abweichen. Wenn an der alten Stütze kein Maß angegeben ist, muss ihr Durchmesser penibel mit einem Messschieber ermittelt werden.

Werkzeug und Ausrüstung

- Inbusschlüssel (bei älteren Modellen Schraubenschlüssel)
- Lappen
- Fett
- eventuell Kriechöl

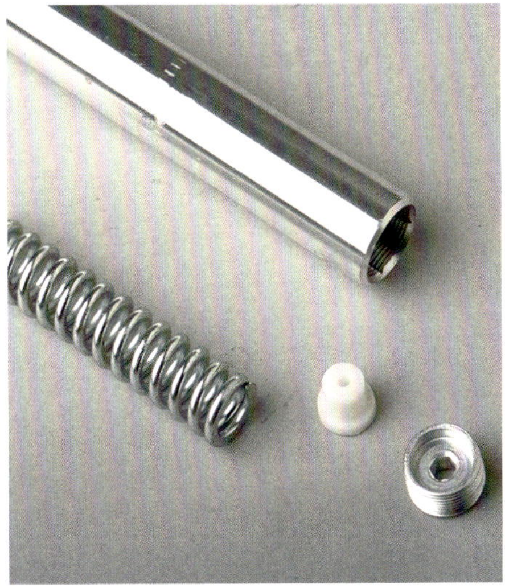

14.7 Einstellung der Federvorspannung an einer Federsattelstütze (links).
14.8 Bauteile einer einfachen Federsattelstütze (oben).

Ausbau

1. Öffnen Sie entweder den Schnellspanner oder lockern Sie die Klemmschraube um zwei bis drei Umdrehungen.
2. Nutzen Sie den Sattel als Hebel, um die Sattelstütze drehend aus dem Rahmen zu ziehen. Lässt sich die Stütze nicht im Rahmen bewegen, muss der Kontaktbereich zum Rahmen mit Kriechöl behandelt werden. Warten Sie ein paar Minuten und versuchen Sie erneut, die Stütze zu bewegen.
3. Demontieren Sie den Sattel (siehe oben).

Einbau

1. Montieren Sie den Sattel zunächst provisorisch an die Sattelstütze.
2. Schmieren Sie das Sitzrohr des Rahmens innen und den unteren Bereich der Sattelstütze außen mit Fett.
3. Setzen Sie ggf. die Klemmschelle an das Sitzrohr. Schieben Sie die Sattelstütze in den Rahmen.
4. Achten Sie beim Einstellen der gewünschten Höhe darauf, dass die »MIN INSERT«-Markierung für die minimale Einstecktiefe nicht sichtbar ist (sich also noch im Sitzrohr befindet). Das Fahren mit einem zu weit herausgezogenen Sattelrohr ist gefährlich und man benötigt entweder eine längere Stütze oder einen größeren Rahmen.
5. Halten Sie den Sattel in der gewünschten Höhe und richten Sie ihn gerade aus. Ziehen Sie die Schraube an oder schließen Sie den Schnellspanner – verdrehen Sie nötigenfalls die Rändelmutter, um ihn mit einiger Handkraft sichern zu können.

6. Führen Sie nach einer Probefahrt nötigenfalls eine Feineinstellung der Sattelhöhe durch. Eventuell müssen jetzt noch die Sattelneigung und die Position – also der Abstand zum Lenker – eingestellt werden (siehe oben).

Anmerkung
Falls die Sattelstütze nicht mit einer Markierung für die minimale Einstecktiefe versehen ist, gilt als Faustregel, dass sie mindestens 6,5 cm im Sitzrohr stecken muss.

Federsattelstützen

Diese Komponenten haben die erstaunliche Fähigkeit, die Fahrt mit einem »Hardtail« bequemer zu gestalten. Allerdings muss eine Warnung ausgesprochen werden: Eine Federsattelstütze darf niemals an ein Fahrrad mit Hinterradfederung montiert werden, da die gegenseitigen Wirkungen der zwei Federelemente zu einem wahren Rodeoritt führen können.
Bei vielen Federsattelstützen kann die Federvorspannung eingestellt werden. Befreien Sie die Stütze hierzu aus dem Rahmen und drehen Sie mit einem Inbusschlüssel die unten im Rohr sitzende Einstellschraube – Eindrehen erhöht die Federspannung und Herausdrehen verringert sie.
Drehen Sie die Schraube nicht so weit heraus, dass Teile davon aus der Sattelstütze herausragen (zumindest der Anfang des Innengewindes der Stütze muss sichtbar sein).

Ledersättel

Ein Sattel aus echtem Leder dehnt sich mit der Zeit – besonders, wenn er nass wird. Um ihn möglichst unversehrt zu halten, muss er ein- bis zweimal jährlich außen mit Lederfett gepflegt werden (erhältlich beim Hersteller, doch andere mineralische Fette oder Öle eignen sich genauso gut – auf keinen Fall darf Pflanzenöl verwendet werden!).
Lassen Sie das Fett über Nacht einwirken, bevor Sie den Sattel wieder benutzen. Gelegentlich muss die Halterung der Satteldecke gespannt werden, um das Dehnen des Leders auszugleichen.

Werkzeug und Ausrüstung
- Spezialschlüssel des Sattelherstellers

14.9 Dehnungsausgleich an einem Ledersattel.

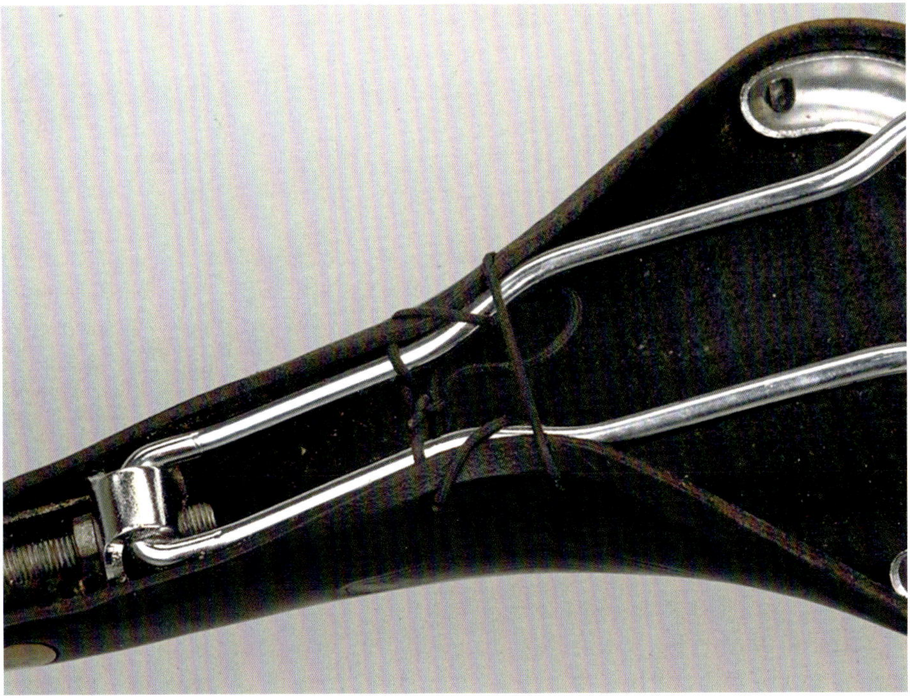

14.10 Rettung eines ausgewölbten Ledersattels durch eine Schnürung.

Prozedur

1. Der Abstand der »Nase« des Sattels kann mit einer verkonterten Einstellschraube vom Sattelrahmen eingestellt werden.
2. Wenn der Sattel merklich durchhängt, wird die Kontermutter etwa eine halbe Umdrehung gegen den Halter gedreht und die Spannung der Satteldecke geprüft. Die Mutter sollte nie mehr als eine ganze Umdrehung angezogen werden, um den Sattel nicht aus der Form zu bringen.

Anmerkung

Falls die Satteldecke im vorderen Bereich an den Seiten durchhängt und nach außen wölbt, kann der Sattel vielleicht mit der folgenden Methode gerettet werden:

1. Bohren Sie an jeder Seite im ausgewölbten Bereich einen Zentimeter oberhalb des unteren Randes vier oder fünf 2 mm große Löcher im Abstand von 2 cm in die Satteldecke.
2. Ziehen Sie dünne runde Schnürsenkel durch die Löcher, ziehen Sie den Sattel damit in eine brauchbare Form und sichern Sie den Senkel mit einem gut versteckten Knoten.

15 Rahmen

Obwohl es sich zweifellos um das größte und wichtigste Bauteil des Fahrrades handelt, ist der Rahmen relativ unanfällig und benötigt nur wenig Wartung. Die wenigen Dinge, die passieren können – und die noch überschaubareren Maßnahmen, die man dagegen tun kann – sind in diesem Kapitel aufgeführt.

Traditionell wurden verschiedene Stahlrohre zu einer rautenförmigen Struktur verlötet oder verschweißt. Vier dicke Rohre (Oberrohr, Unterrohr, Sitzrohr und Steuerrohr) bilden den Hauptrahmen, während das Hinterrad mit den dünneren Sitz- und Kettenstreben geführt wird. Die Bezeichnung »Diamantrahmen« wurde aus dem Englischen abgeleitet, wo diamond auch Raute bedeutet.

In den letzten Jahrzehnten haben sich die Konstruktionen und Gestaltungen von Rahmen verändert, was hauptsächlich auf neue Materialien und die Verwendung von Federsystemen zurückzuführen ist. Heute bestehen die meisten Rahmen aus Aluminiumlegierungen, manche auch aus kohlefaserverstärktem Kunststoff (»Carbon«) oder Titan.

Das Problem liegt bei all diesen »neuen« Materialien darin, dass sich daraus gefertigte Rahmen und Gabeln noch schlechter reparieren lassen als Teile aus Stahl. Beschädigungen an Rahmen und Gabeln sind meistens entweder so geringfügig, dass sie technisch nicht von Bedeutung sind (z. B. Kratzer im Lack) oder aber so relevant, dass nur ein Austausch hilft. Daher geht es in diesem Kapitel hauptsächlich darum, Schäden zu überprüfen, statt sie tatsächlich zu reparieren. Alles, was man bei einem Rahmen aus Stahl oder verschweißtem Aluminium tun kann, ist das Ausbessern von Lackschäden – und hierzu finden sich am Ende des Kapitels Hinweise.

Rahmenkontrolle

Wenn man mit dem Fahrrad gestürzt ist oder eine Kollision hatte, muss man eine sorgfältige Gesamtüberprüfung durchführen. Falls es Hinweise auf Krümmungen, Stauchungen oder Risse gibt, sollte bei einer Fachwerkstatt Rat gesucht werden.

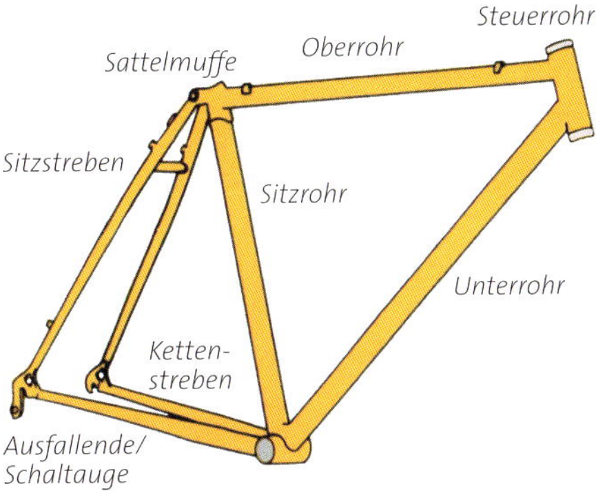

15.1 Die Einzelteile eines Diamantrahmens.

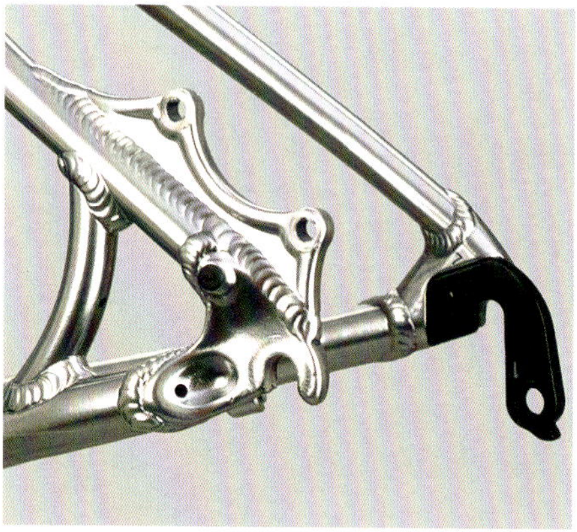

15.2 Drei moderne Mountainbike-Details auf einem Bild: Ein typisches separates Schaltauge (schwarz) ist an einen Alurahmen geschraubt, der links zwischen der Sitz- und der Kettenstrebe eine zusätzliche Versteifungsstrebe sowie Aufnahmen für einen Scheibenbremsen-Bremssattel aufweist.

15.3 Ein etwas aus der Mode gekommener Stahlrohrrahmen mit angeschweißtem Schaltauge. Stahlrahmen müssen nicht unbedingt schwerer sein als Alurahmen, sind aber generell langlebiger.

Die zwei wichtigsten Bereiche, die genau betrachtet werden sollten, sind die Gabel und die Verbindung des Unterrohrs am Steuerrohr. Wenn irgendwelche Stauchungen oder Risse festgestellt werden, muss der Rat eines Profis (der wahrscheinlich den Austausch des Bauteils empfiehlt) umgesetzt werden. Wenn keine Beschädigungen sichtbar sind, sollten dennoch die Gabel und der Rahmen auf Verzug kontrolliert werden (beachten Sie dazu Kapitel 13 bzw. die folgenden Seiten.

Rahmenausrichtungen prüfen

Mit einem verzogenen Rahmen (bei dem das Hinterrad nicht exakt in der Spur des Vorderrades läuft) weiterzufahren, kann sehr gefährlich sein; es beeinträchtigt nicht nur den Geradeauslauf, sondern kann besonders in Kurven zu einem überraschenden Fahrverhalten führen. Eine Kontrolle der Rahmenausrichtung kann relativ einfach durchgeführt werden.

Werkzeug und Ausrüstung

- 3 Meter Schnur
- Messschieber/Lineal mit Millimeterskala

Prozedur

1. Befestigen Sie die Schnur am einem der Ausfallenden, sodass sie von dessen Innenseite um das Steuerrohr herum zur Innenseite des anderen Ausfallendes geführt werden kann und dort stramm gehalten wird.
2. Messen Sie an beiden Seiten den Abstand zwischen der Schnur und dem Sitzrohr.
3. Wenn sich die beiden Messergebnisse unterscheiden, ist der Rahmen verzogen – wann der Verzug zu stark ist, bleibt eine viel diskutierte Debatte, doch ich meine, dass Abweichungen von mehr

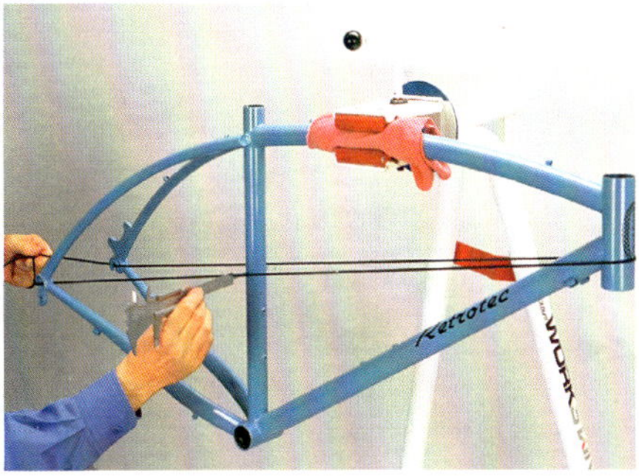

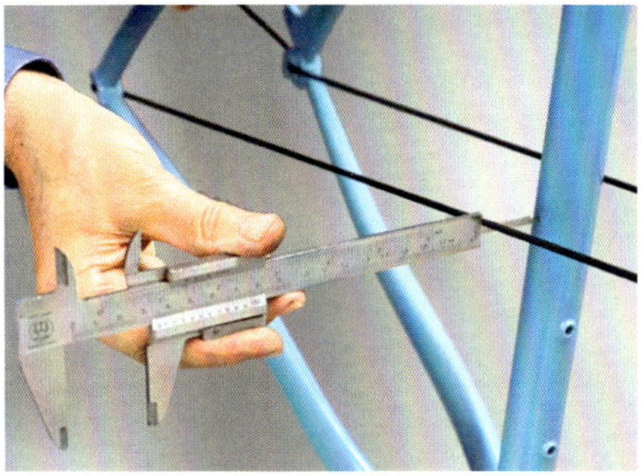

15.4 und 15.5 Kontrolle der Rahmenausrichtung mithilfe eines Seils und eines Messschiebers.

als 3 mm bedenklich sind und zu unsicherem Fahrverhalten führen können. Bringen Sie das Fahrrad (oder den Rahmen) in eine Fachwerkstatt, um sich beraten zu lassen.

3. Vergleichen Sie die Messergebnisse. Auch hier gibt es zum Thema Toleranzen und Unsicherheit einen gewissen Interpretationsspielraum, doch ich würde erneut Rat beim Profi suchen, wenn die Differenz mehr als 3 mm beträgt.

Ausfallenden-Ausrichtungen prüfen

Die Ausfallenden (also die flachen Segmente, zwischen denen das Hinterrad eingespannt ist) müssen parallel stehen, damit das Laufrad korrekt ausgerichtet ist.

Werkzeug und Ausrüstung

- 45 cm langes Metalllineal
- Messschieber

Prozedur

1. Legen Sie das Lineal an einem Ende rechtwinklig an eines der Ausfallenden an und richten Sie das andere Ende zum Sitzrohr aus. Messen Sie den Abstand zwischen Lineal und Sitzrohr.
2. Wiederholen Sie die Messung am anderen Ausfallende.

Lackschäden ausbessern

Wenn bei einem gelöteten oder verschweißten Rahmen die Lackierung Kratzer oder andere Beschädigungen aufweist, können diese mit Farbe vor Korrosion geschützt und das Fahrrad wieder ansehnlich gemacht werden. Bei Carbonrahmen oder Rahmen mit verklebten Segmenten sollten keine Lackierungen vorgenommen werden, da die im Lack oder Primer enthaltenen Lösungsmittel das Kunstharz oder den Klebstoff angreifen können, was nicht nur die Stabilität, sondern auch mögliche Garantieansprüche beeinträchtigen kann.

Werkzeug und Ausrüstung

- passender Lack (falls nicht beim Hersteller zu beschaffen, kann ein ähnlicher

Farbton im Modellbau- oder Autozubehörhandel gekauft werden)
- kleiner Pinsel
- Stahlwolle oder Schmirgelleinen
- Lackverdünner
- Lappen

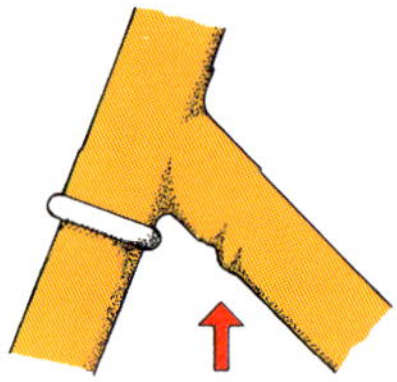

15.6 Nach einem Frontalaufprall muss neben der Gabel besonders der obere Bereich des Unterrohrs auf Stauchungen überprüft werden.

Prozedur

1. Reinigen Sie den beschädigten Bereich und seine nähre Umgebung.
2. Entfernen Sie mithilfe von Stahlwolle oder Schmirgelleinen sämtliche Korrosion, Schmutz und Farbreste, bis eine blanke, glänzende Metalloberfläche entstanden ist.
3. Reinigen Sie erneut die zu reparierende Stelle mit einem mit Lackverdünner getränkten Lappen und wischen Sie alles trocken.
4. Schütteln Sie die Farbdose ausgiebig, damit sich alles gut vermischt.
5. Tupfen Sie mit dem mit nur wenig Farbe getränkten kleinen Pinsel nur den beschädigten Bereich ab.
6. Lassen Sie alles einen Tag trocknen und wiederholen Sie nötigenfalls die Schritte 4 und 5.

Rahmen lackieren

Dies ist eine große Aufgabe, die schnell schiefgehen kann. Rahmen aus Kohlefaser-Verbundstoff oder aus verklebten Segmenten dürfen nicht lackiert werden, da hierdurch nicht nur sämtliche Garantieansprüche verloren gehen, sondern auch die Struktur beschädigt werden kann. Beim Lackieren von Rahmen aus verschweißten oder verlöteten Stahlrohren oder Leichtmetall-Komponenten sollte möglichst eine professionelle Lackieranlage in Anspruch genommen werden; der Hobbylackierer erzielt mit Autolack-Sprühdosen die besten Ergebnisse.

Vor Beginn muss die Anleitung auf der Spraydose genau durchgelesen – und anschließend exakt befolgt werden. Bevor man seinen guten Rahmen versaut, ist es ratsam, eine komplette Dose an einem alten Rahmen oder anderen Metallrohren zu verschwenden. Der Trick liegt darin, den Farbnebel in konstanten und überlappenden Mustern aufzutragen. Dabei muss mit dem Sprühen begonnen werden, bevor man über die Oberfläche schwenkt und man darf damit erst aufhören, wenn der Strahl über das Teil hinaus gegangen ist.

Werkzeug und Ausrüstung

- Primer- und Lack-Sprühdosen aus dem Autozubehörhandel

15.7 Ausbessern von Kratzern mit einem kleinen Pinsel.

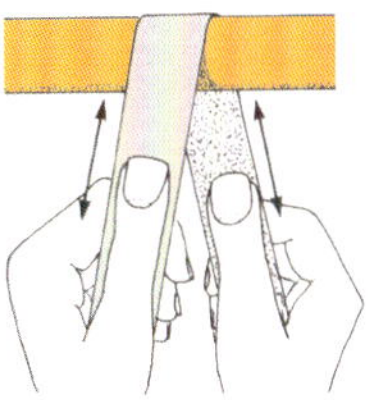

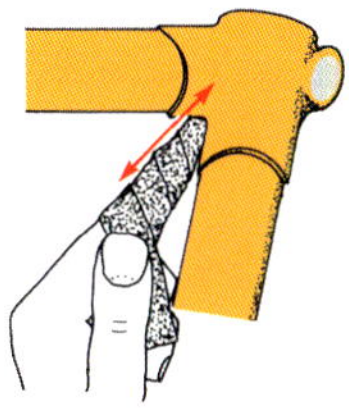

15.8 Schleifen eines Rahmenrohres (links).
15.9 Schleifen einer schlecht zugänglichen Ecke im Rahmen (Mitte).
15.10 Der vorbereitete Rahmen wird zum Lackieren und Trocknen aufgehängt (rechts).

- Stahlwolle oder Schmirgelleinen
- Lackverdünner
- Lappen
- Abdeckplane oder Pappe zum Schutz des Bodens und des Hintergrunds

Vorbereitung

1. Legen Sie den Rahmen völlig frei. Falls das Tretlager und der Steuersatz darin verbleiben sollen, müssen sie gut abgeklebt werden.
2. Verstopfen Sie alle Bohrungen, in die keine Farbe gelangen soll (Sattelmuffe, Tretlagergehäuse, Steuerrohr, diverse Schraubengewinde) mit Korken oder aufgerolltem Papier und reinigen Sie den Rahmen sorgfältig.
3. Entfernen Sie alten Lack und Rost mit Abbeizmittel oder Schmirgelleinen. Reinigen Sie alles mit Lackverdünner und lassen Sie den Rahmen abtrocknen.
4. Hängen Sie den Rahmen wie in Abb. 15.10 gezeigt in einer sauberen und staubfreien Umgebung auf – vorzugsweise in einem überdachten Außenbereich.

Lackieren

1. Tragen Sie wie beim Üben am alten Rahmen den Primer gleichmäßig auf den Rahmen und/oder die Gabel auf. Arbeiten Sie sich systematisch vor und drehen und wenden Sie den Rahmen z. B. mithilfe einer eingehängten Speiche, um alle Seiten und jeden Winkel zu erreichen.
2. Warten Sie 24 Stunden und wiederholen Sie den letzten Schritt mit Lack-Sprühdosen.

Fertigstellung

1. Warten Sie mindestens 24 Stunden (oder solange, wie auf der Sprühdose angegeben) und kontrollieren Sie an einer versteckten Stelle, ob der Lack vollständig ausgehärtet ist.
2. Warten Sie weitere 24 Stunden und bringen Sie den Rahmen (und die Gabel) mithilfe von Poliermittel auf Hochglanz.

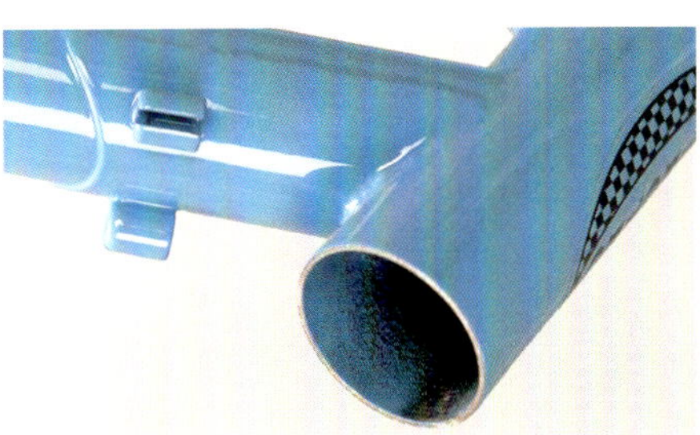

15.11 Der Blick unter das Steuerrohr zeigt Details wie eine Verstärkung mit aufgesetzten Bowdenzug-Widerlagern, wo sowohl Sprühschatten als auch Lacknasen auftreten können.

GHOST
FOX

16 Vorderradfederung

Heutzutage haben nahezu alle Mountainbikes zumindest ein gefedertes Vorderrad. Dieses Kapitel behandelt die Federgabel, während es in Kapitel 17 um die Hinterradfederung geht.

Fachbegriffe

Was gemeinhin als Federung bezeichnet wird, stellt in Wirklichkeit zwei unterschiedliche (aber zusammenhängende) Konzepte dar – nämlich die tatsächliche »Federung« und die dazugehörige Dämpfung. Ein nur mit Spiralfedern ausgerüstetes Fahrrad würde ohne Dämpfung mehr einem Springbock ähneln als einem komfortablen Fahrzeug. Wenn die Gabel unmittelbar auf kleinste Stöße reagiert und zum Hochspringen neigt, hat sie eine unzureichende Dämpfung; reagiert sie kaum auf Stöße, hat sie entweder zu viel Dämpfung oder die Federung ist für das Gewicht des Fahrers zu hart. Wenn die Gabel schon bei kleinsten Stößen durchschlägt, ist die Feder für das Fahrergewicht zu weich.

Ein wichtiger Wert, der je nach Abstimmung den Komfort verbessern oder auch das Fahrverhalten verschlechtern kann, ist der Federweg – der Unterschied zwischen der aus- und der eingefederten Gabel. Traditionell verlangen Downhill-Fahrer nach mehr Federweg als Trekking-Mountainbiker.

Zwei weitere wichtige Punkte sind die Vorspannung und die Haftreibung. Die Vorspannung bezieht sich auf die Kompression der Feder, bevor die Gabel selbst komprimiert wird. Mit der Vorspannung lässt sich auch der »negative Federweg« einstellen, der den Bereich beschreibt, um den die Federung einsackt, wenn der Fahrer auf dem Fahrrad sitzt; er sollte etwa ein Viertel des Gesamt-Federwegs betragen.

Die Haftreibung bezeichnet den anfänglichen Widerstand der Gabel-Bauteile gegen die Bewegung und wird auch Los-

16.1 Eine typische Mountainbike-Federgabel.

brechmoment genannt; je geringer die Haftreibung, desto sanfter das Ansprechverhalten und desto komfortabler die Fahrt.

Feder-Vorbauten

Die einfachste und überraschend wirkungsvolle (aber auch aus der Mode geratene) Möglichkeit, ein Fahrrad vorn zu federn. Hier wird einfach der alte (feste) Vorbau wie in Kapitel 13 beschrieben durch den Feder-Vorbau ersetzt, bei dem sich die Federvorspannung mithilfe eine Einstellschraube individuell anpassen lässt.

Federgabeln

Die heute übliche Vorderradfederung erfolgt mithilfe einer Teleskopgabel, bei der die am Gabelkopf sitzenden Standrohre in den mit dem Rad verbundenen Tauchrohren gleiten. Verbunden sind die Rohre mit Federelementen, bei denen es sich entweder um Elastomere, Spiralfedern aus Stahl oder Gasdruckpatronen handelt (bei manchen Gabeln sind links und rechts verschiedene Elemente miteinander kombiniert). Die einzelnen Bauteile der Federgabel sind in Abbildung 16.2 erkennbar.

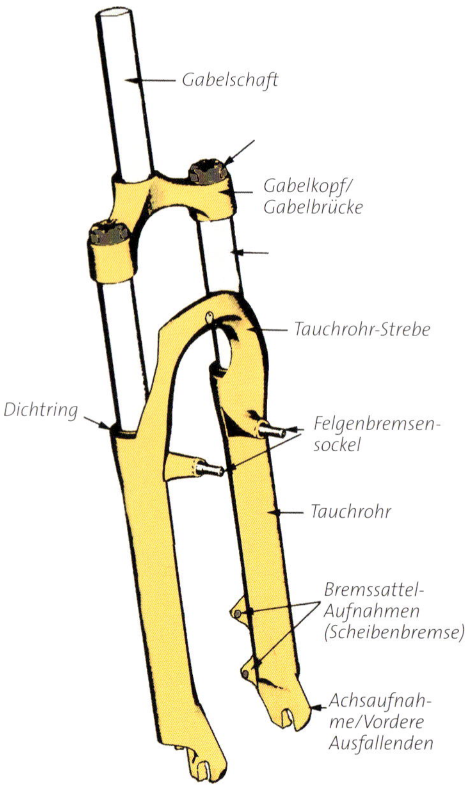

16.2 Bauteile der Federgabel.

16.3 Reinigung der Standrohre einer Federgabel.

Die bei Weitem wichtigste Wartungsarbeit ist das Sauberhalten der Dichtring und Standrohre – dies sollte einmal wöchentlich und nach jeder Fahrt in staubiger oder feuchter Umgebung geschehen. Wischen Sie die Standrohre und Dichtringe ab, tragen Sie Synthetiköl auf und komprimieren Sie die Gabel einige Male, bevor alles wieder abgewischt wird.

16.4 Einstellung der Dämpfung.

16.5 Einstellung der Kompressionsdämpfung.

Zusätzlich muss die Federgabel mindestens einmal jährlich auf ihre Funktion überprüft werden (siehe unten). Eine Liste der häufigsten Federungsprobleme findet sich am Ende von Kapitel 17.

Federgabeln kontrollieren

Werkzeug und Ausrüstung

Normalerweise nichts

Prozedur

1. Lassen Sie das Fahrrad von einem Assistenten anheben und versuchen Sie, das Vorderrad hin und her zu wackeln. Wenn Spiel festgestellt wird und dies nicht auf die Steuersatzlager zurückzuführen ist, haben Sie ein Problem, das besser von einer Fachwerkstatt überprüft werden sollte.
2. Stellen Sie sich vor das Fahrrad und drücken Sie kräftig den Lenker herunter. Wenn die Federung korrekt arbeitet, lässt sich die Gabel mit zunehmendem Widerstand komprimieren, ohne unten anzuschlagen.
3. Nachdem die Gabel in Schritt 2 komprimiert wurde, wird der Druck gelöst und beobachtet, ob sie sich sanft und zügig wieder entspannt.
4. Falls die Gabel klemmt oder Spiel aufweist, sollte sie von einer Fachwerkstatt überprüft werden.

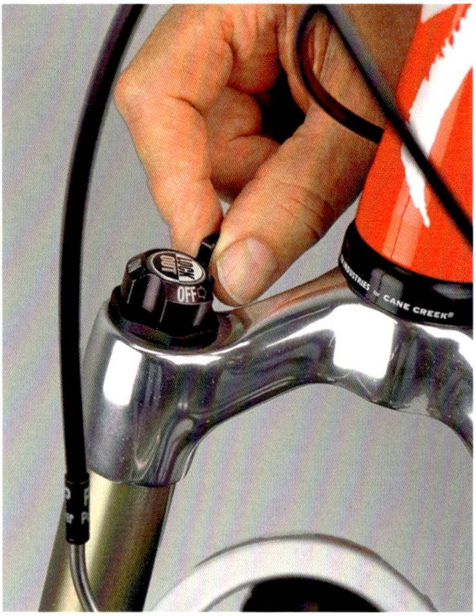

16.6 Diese Gabel kann mit einer Arretierung blockiert werden (links).
16.7 Einstellung der Zugdämpfung (oben).

Federgabeln warten

Beachten Sie für diese Arbeit die der Gabel beigefügte Bedienungsanleitung. Neben einer regelmäßigen Reinigung müssen an einigen der folgenden Systemen Einstellungen vorgenommen werden:

- Federvorspannung – sie bestimmt, wie leicht sich die Gabel zusammendrücken lässt.
- Dämpfung – sie legt fest, wie rasch sich die Gabel komprimiert und dekomprimiert.
- Federweg – wie weit kann die Gabel zusammengedrückt werden (dies kann nur bei manchen Modellen verändert werden, indem man die Gabel öffnet und interne Bauteile austauscht).
- Zugdämpfung – sie entscheidet, wie schnell die Gabel ausfedert.

Diese Einstellungen können je nach Ausführung und Aufbau der Gabel an unterschiedlichen Stellen vorgenommen werden (falls überhaupt möglich).

Federweg und Federvorspannung

Im Datenblatt der Federgabel (entweder beigefügt oder auf der Webseite des Herstellers einsehbar) ist der maximale Federweg der Gabel angegeben. Um den maximalen Nutzen aus der Gabel zu ziehen, muss sie so eingestellt werden, dass man tatsächlich den größten Teil des Federwegs auch nutzen kann. Hierzu muss zunächst gemessen werden, was ich als den »aktiven Federweg« bezeichne – d. h. die unter normalen Umständen erreichte Kompression.

Werkzeug und Ausrüstung

- Kabelbinder
- Messschieber

Prozedur

1. Ziehen Sie den Kabelbinder um ein Standrohr und schieben Sie ihn auf das Tauchrohr herunter.
2. Setzen Sie sich auf das Fahrrad und nehmen Sie die normale Fahrhaltung an – lassen Sie sich nötigenfalls von einem Assistenten stützen. Jetzt ist das Rad »passiv« belastet und der Kabelbinder wird ein Stück hochgeschoben.
3. Steigen Sie wieder ab und messen Sie den Abstand zwischen dem Kabelbinder und dem Tauchrohr (oder dem Dichtring) – er sollte nicht mehr als 25 % des Gesamtfederwegs betragen. Ein Beispiel: Hat die Gabel einen nominalen Federweg von 60 mm, sollte das Fahrrad beim Draufsetzen nicht mehr als 15 mm eintauchen.
4. Machen Sie eine halbstündige Fahrt im bevorzugten Gelände. Hierbei wird der Kabelbinder weiter hochgeschoben – und der Abstand zwischen ihm und dem Tauchrohr ist jetzt der »aktive Federweg«, der knapp unter dem maximalen Federweg liegt. Wenn man den maximalen Federweg tatsächlich ausnutzt, zeigt sich dies durch ein gut fühlbares Durchschlagen der Gabel.

16.8 Messung des aktiven Federwegs.

Einstellung des aktiven Federwegs und der Federvorspannung

Beachten Sie die Informationen in der Bedienungsanleitung der Gabel. Der Federvorspanner befindet sich üblicherweise oben im Standrohr. Drehen Sie den Einsteller auf den niedrigsten Wert und testen Sie bei einer Probefahrt, ob die Gabel beim Einfedern durchschlägt – ist dies der Fall, wird die Federvorspannung ein Stück erhöht und der Test wiederholt. Wenn die Gabel nicht mehr durchschlägt, hat man den maximalen Federweg erreicht.

17 Hinterradfederung

Heute ist es weniger eine Geld- als eine Glaubensfrage, ob ein Mountainbike ein gefedertes Hinterrad benötigt. Ein Federsystem wiegt mehr, verringert die Steifigkeit des Fahrrades, erhöht die Wartung und hat Einfluss auf den Antrieb. Allerdings verbessert es neben dem Komfort auch die Traktion, also den Kontakt zum Boden. Es gibt zahllose Variationen, das Hinterrad zu führen, doch gemeinsam ist den meisten ein Stoßdämpfer mit Stahlfeder oder Gaskartusche.

Die grundsätzlichen Fachbegriffe von Federsystemen sind bereits in Kapitel 16 erklärt. Bei der Hinterradfederung ist es leider so, dass mit einer zunehmenden Perfektion auch die Anfälligkeit steigt. Die anspruchsvollsten Federsysteme, wie sie bei Downhill-Rädern zum Einsatz kommen, haben viele Anlenkungen und andere bewegliche Teile, die zum Verschleißen neigen.

Vom Wartungs-Standpunkt her sind bei allen Systemen zwei wichtige Dinge zu beobachten: der Stoßdämpfer und die diversen Lagerpunkte, an denen sich alle Teile der Hinterradaufhängung gegeneinander verdrehen.

Zumindest sollte dafür gesorgt werden, dass alle Teile sauber und an den beweglichen Teilen leicht geschmiert sind – benutzen Sie hierzu nicht fettende Mittel wie Silikonspray oder notfalls WD-40. Wischen Sie überschüssiges Schmiermittel ab. Alle Befestigungen sollten mindestens einmal monatlich auf ihre Festigkeit überprüft werden.

17.1, 17.2 und 17.3 Drei unterschiedliche Hinterradfederungs-Konstruktionen. Zwar gibt es noch viel mehr Methoden, das Heck zu federn, doch haben sich diese drei Versionen weitgehend etabliert.

17.4 Stoßdämpferanlenkung einer sog. Viergelenker-Aufhängung (die Sitzstreben sind zusätzlich am Ausfallende gelagert) (oben).
17.5 Einstellen der Federvorspannung am Stoßdämpfer (unten).

Stoßdämpfer

Das Herz jeder Hinterradfederung ist der Stoßdämpfer, der sowohl das Federelement als auch das Dämpfungssystem enthält. Das Federelement kann eine außenliegende Stahlfeder oder eine versteckte Gaskartusche sein. Die Dämpfung befindet sich üblicherweise innerhalb eines mit Öl gefüllten Zylinders, in dem ein Kolben das Öl durch Ventile presst.

Neben der Reinigung des Stoßdämpfers, die einmal monatlich oder nach jeder Fahrt durch staubige oder feuchte Umgebung stattfinden sollte, muss der Stoßdämpfer auch regelmäßig inspiziert werden – bei jedem Hinweis auf austretendes Öl muss der Stoßdämpfer ersetzt werden – ganz selten sind auch Reparaturen möglich, die von einer Fachwerkstatt vorgenommen werden sollten.

Zum Austausch eines Stoßdämpfers ist die gleiche Arbeit nötig, wie bei der folgenden jährlichen vorzunehmenden Inspektion. Bauen Sie zunächst das Hinterrad aus (siehe Kapitel 3).

Werkzeug und Ausrüstung

- Inbusschlüssel für die Gelenkbolzen
- Maulschlüssel für die Gelenkmuttern
- Lappen

Prozedur

1. Lösen Sie vorne am Stoßdämpfer (wo er an den Rahmen geschraubt ist) den Gelenkbolzen, während Sie seine Mutter kontern.
2. Lösen Sie auch den Gelenkbolzen, der den Stoßdämpfer am Hinterbau sichert.
3. Überprüfen Sie jetzt den frei schwenkbaren Hinterbau auf Spiel oder raue Bewegungen – falls nötig, muss alles zerlegt, gereinigt, geschmiert und/oder mit neuen Buchsen oder Lagern ausgerüstet werden.
4. Reinigen und schmieren Sie alle freiliegenden Teile des Stoßdämpfers – ersetzen Sie ihn, falls er beschädigt ist.

17.6 Ausbau eines Stoßdämpfers aus einer Eingelenker-Radaufhängung (nur am Tretlager gelagert).

17.7 Schmieren der hinteren Lagerbuchsen einer Viergelenker-Aufhängung.

5. Falls der Dämpfer mit einer Luftdruckfederung ausgerüstet ist und Druck verliert, muss das Ventil ersetzt und das System wieder mit dem vorgegebenen Druck aufgepumpt werden.
6. Der Zusammenbau entspricht der umgekehrten Zerlegungsreihenfolge. Ersetzen Sie alle selbstsichernden Muttern spätestens nach dem zweiten Lösen durch Neuteile.

Fehlersuche

Hier werden die häufigsten Federungsprobleme samt Lösungsvorschlägen aufgelistet – die Punkte treffen sowohl für die Vorderrad- wie auch die Hinterradfederung zu.

Problem: Federung sackt bereits bei kleinsten Unebenheiten ein und schlägt oft durch.

Grund/Lösung: Die Feder ist zu weich. Eine Luftfederung hat eventuell zu wenig Druck und kann aufgepumpt werden. Stahlfedern oder Elastomere müssen durch steifere Bauteile ersetzt werden.

Problem: Federung spricht nicht ausreichend an.

Grund/Lösung: Feder zu steif oder Luftdruck zu hoch. Stahlfedern oder Elastomere müssen durch weichere Bauteile ersetzt werden.

17.8 Kontrolle der Gelenkbolzen – zum Reinigen und Schmieren der Lagerbuchsen müssen sie ausgebaut werden.
17.9 Alle Bolzen müssen fest angezogen sein, dabei dürfen die Gelenke in ihrer Beweglichkeit nicht behindert werden (rechts).

Problem: Federung sackt bei zunehmenden Unebenheiten immer weiter ein.
Grund/Lösung: Zu viel Zugdämpfung. Stellen Sie diese (meistens unten an der Gabel oder dem Stoßdämpfer) so ein, dass die Gabel oder der Dämpfer sich schneller wieder ausdehnt.

Problem: Federung wird bei zunehmenden Unebenheiten immer steifer.
Grund/Lösung: Zu viel Druckdämpfung. Stellen Sie diese (meistens oben an der Gabel oder dem Stoßdämpfer) so ein, dass die Gabel oder der Dämpfer sich schneller komprimieren lässt.

Problem: Schlechte Zusammenarbeit zwischen Vorder- und Hinterradfederung.
Grund/Lösung: Inkompatible Federelemente. Wählen Sie eine Gabel und einen Stoßdämpfer, die am Vorder- und Hinterrad ähnliche Federwege ermöglichen. Wenn sich hinten nichts ändern lässt, muss eine darauf abgestimmte Gabel gefunden werden.

Problem: Unberechenbares Verhalten des Hinterrades in Kurven.
Grund/Lösung: Demontieren Sie den Stoßdämpfer und prüfen Sie seinen Widerstand – wenn er zu weich ist, muss er überholt oder ersetzt werden.

18 Zubehör

Als Zubehör werden hier alle Dinge bezeichnet, die man an sein Fahrrad bauen kann – die aber zu seiner Funktion nicht unbedingt nötig sind (obwohl manche auf öffentlichen Straßen gesetzlich vorgeschrieben sind). In diesem Kapitel werden häufig am Mountainbike eingesetzte Zubehörartikel beschrieben.

Seit der Erfindung des Fahrrades wurden Tausende von Zubehörartikeln erfunden – und Hunderte gibt es davon noch heute. Allen gemeinsam ist, dass sie ans Fahrrad montiert werden müssen. Und diese Montage ist tatsächlich der wichtigste Wartungspunkt all dieser Komponenten. Zudem werden die wichtigsten Zubehörgegenstände, die sich heutzutage an einem Mountainbike finden, gesondert behandelt. Hierzu gehören:

- Beleuchtung
- Reflektoren
- Luftpumpe
- Schloss
- Fahrradcomputer
- Gepäckträger
- Schutzbleche
- Klingel
- Flaschenhalter

18.1 Ein altmodisches Mountainbike mit diversen Ausrüstungsgegenständen.

Allgemeine Hinweise

Die zwei Grundregeln bei der Zubehör-Wartung lauten:

- Alles muss gut befestigt sein.
- Beschädigte Teile müssen ersetzt (oder entfernt) werden.

Das Letzte, was man an einem Fahrrad gebrauchen kann, sind Zubehörbauteile, die locker herumhängen oder nicht funktionieren. Kontrollieren Sie regelmäßig die Festigkeit aller Teile und ziehen Sie alle Muttern, Schrauben und Schellen an. Auf jeden Fall müssen alle Dinge, die nicht korrekt funktionieren und nicht repariert

18.2 Prüfen Sie die Festigkeit aller Zubehör-Befestigungen (hier die Schrauben einer Schutzblechstrebe) auf Festigkeit.

18.3 Ein simpler Klemmscheinwerfer mit Batterien.

werden können, demontiert werden. Bevor nun Neuteile beschafft werden, sollte man sich die Frage stellen, ob man sie wirklich benötigt (und sie immer mitschleppen will), oder ob es auch ohne geht. Generell sollte jede Befestigung aus mindestens zwei Schrauben bestehen, damit Vibrationen weniger Chancen haben, alles wieder zu lockern. Weiterhin muss beachtet werden, dass Dinge, die um andere Teile herum geklemmt werden, fest genug sitzen und ihre Schellen möglichst mit Gummis unterlegt sind, die sowohl die Festigkeit verbessern als auch den Lack schützen.

Beleuchtung

Fahren bei Dunkelheit stellt heute nicht mehr eine solch große Gefahr dar, wie es noch vor zwanzig Jahren der Fall war. Heutzutage sind in fast jedem Fahrradladen hervorragende einbaufertige Lichtanlagen und Beleuchtungseinheiten für vorne und hinten erhältlich. Obwohl eine Dynamobeleuchtung für den Straßeneinsatz in Ordnung geht, wird man im Gelände nicht ohne eine per Batterie betriebene Lichtanlage auskommen – diese unterteilen sich in zwei Grundkategorien:

- Leuchten mit eingebauter Batterie
- Leuchten mit separater, zentraler Stromversorgung

Leuchten mit integrierter Batterie

Solche Lampen werden vorne meistens direkt an den Lenker geklemmt, hinten sind sie oft an der Sattelstütze befestigt. Die vordere Lampe muss einen gebündelten hellen Lichtstrahl erzeugen, der den Bereich sechs bis zehn Meter vor dem Fahrrad beleuchtet. Üblicherweise wird eine Klemme dauerhaft mit dem Lenker verbunden und die Lampe dort bei Bedarf eingeklickt.

Das Rücklicht muss ein direkt nach hinten strahlendes rotes Licht erzeugen, dies muss aber nicht so hell sein wie das vordere. Sowohl für vorn als auch (bereits länger) für hinten gibt es LED-Beleuchtungen, die im Verhältnis zu Glühlampen sehr wenig Strom verbrauchen und sehr lange halten. Der Nachteil liegt darin, dass bei einem möglichen Ausfall die gesamte Leuchte ersetzt werden muss.

Die Wartung beschränkt sich auf den Austausch der Batterien und der Glühlampen. Eine konventionelle Batterie-Beleuchtung hält etwa drei Stunden, sodass es sinnvoll sein kann, Ersatzbatterien mitzuführen. Wenn wiederaufladbare Akkus verwendet werden, sollten diese ungeachtet ihrer Benutzung einmal monatlich aufgeladen werden. Vor einer längeren Fahrt, die bis in den Abend reichen kann, sollten sowohl die Batterien der Lampe als auch die Ersatzbatterien getestet werden.

Bei wiederaufladbaren Akkus in Standardbatterie-Größen gibt es zwei verbreitete Ausführungen: Nickel-Cadmium (NiCad) und Nickel-Metallhydrid (NiMH). Letztere halten den gespeicherten Strom deutlich länger und überleben mehr Ladezyklen, sind aber auch teurer.

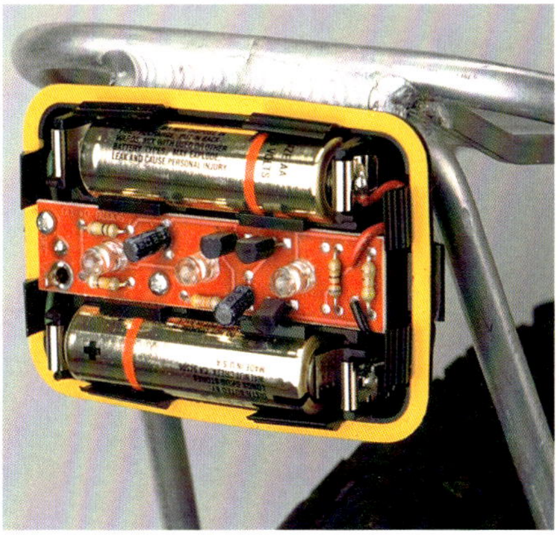

18.4 Ein batteriebetriebenes Rücklicht. Dank blinkender LEDs werden die Batterien sehr lange halten.

Klassische Glühlampen halten meist nicht länger als 100 Stunden, sodass man im Notfallpack für jede Lampe einen Ersatz bereithalten sollte. Bei den helleren Halogen-Ausführungen muss darauf geachtet werden, dass das Glas nicht mit den Fingern berührt wird.

Lichtemittierende Dioden (LEDs) verbrauchen sehr wenig Strom und halten einige Tausend Stunden. In der Vergangenheit waren sie nur für Rückleuchten und andere »passive« Anwendungen geeignet, wo es mehr auf das Gesehenwerden ankommt, doch LEDs der neuesten Generation sind so hell, dass sie auch für die »aktive« Frontbeleuchtung eingesetzt werden können. LEDs lassen sich bei Rücklichtern gut im Blinkmodus einsetzen – so sind sie noch sparsamer und werden zudem besser gesehen als im Dauerbetrieb.

Leuchten mit zentraler Batterie

Hier gibt es sehr leuchtstarke Ausführungen, die sogar mit Fern- und Abblendlicht ausgerüstet sein können. Ihre größeren Batterien bestehen aus mehreren miteinander verbundenen und umwickelten Zellen, die sich beispielsweise gut im hinteren Flaschenhalter oder sogar in einer alten Trinkflasche selbst unterbringen lassen.

Auch hier müssen die Batterien und Lampen regelmäßig kontrolliert werden. Wiederaufladbare Akkus können oft mithilfe der vorhandenen Verkabelung im eingebauten Zustand geladen werden. Neben NiCad und NiMH-Ausführungen, die vor dem Aufladen möglichst komplett entladen werden sollten, kommen hier auch Blei-Gel-Akkus zum Einsatz, die niemals völlig entladen werden dürfen. Zu den Themen Batterien und Akkumulatoren finden sich weitere Informationen in der vorherigen Sektion. Neben den Lampen und Batterien hat man es hier auch mit Kabeln und Anschlüssen zu tun, die kontrolliert und nötigenfalls repariert oder isoliert werden müssen.

Anmerkung

Laut Gesetz müssen alle über 11 kg wiegenden Fahrräder (in Österreich: 12 kg) mit einer funktionierenden Beleuchtungsanlage ausgerüstet sein, die einen notfalls einsetzbaren Dynamo beinhaltet. Wer nachts mit seinem Mountainbike und einer rein batteriebetriebenen Beleuchtung unterwegs ist, wird wahrscheinlich nichts zu befürchten haben. Funktioniert die Beleuchtung bei einer Kontrolle jedoch nicht – oder ist gar keine vorhanden –, kann dies Strafe kosten.

Reflektoren

In vielen Ländern sind für Fahrräder verschiedene Reflektoren vorgeschrieben, dazu gehören ein Rückstrahler, Reflektoren an den Pedalen und seitliche Reflek-

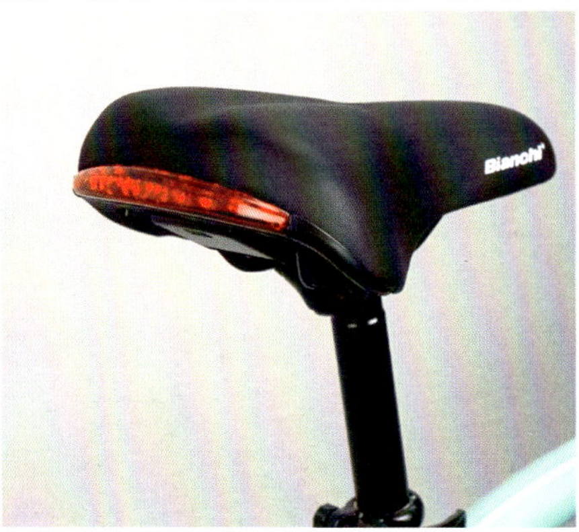

18.5 Eine typische zentral mit Strom versorgte Lichtanlage, deren Batterien in einer alten Trinkflasche gut geschützt sind (oben).
18.6 Inzwischen gibt es auch LED-Scheinwerfer, die mit sehr wenig Strom die Fahrbahn gut ausleuchten (Mitte).
18.7 Ein in den Sattel integrierter Rückstrahler (unten).

toren in den Speichen oder reflektierende Reifen. In Straßenverkehr ist man bei schlechter Wetterlage mit Reflektoren deutlich sicherer unterwegs und besonders die beweglichen Reflektoren ziehen die Aufmerksamkeit der Autofahrer auf sich. Der Rückstrahler muss gut befestigt sein und gerade nach hinten zeigen. Alle Reflektoren müssen sauber sein, um korrekt funktionieren zu können. Wenn sich Risse gebildet haben oder die Reflexionsfläche blind wird, muss ein Reflektor ausgetauscht werden.

Luftpumpe

Ich rate dazu, zwei Pumpen zu benutzen: eine Standpumpe für zu Hause und eine am Rahmen zu befestigende Handpumpe für unterwegs. Ein- bis zweimal jährlich muss die Schraubkappe des Kopfes nachgezogen werden. Wenn die Pumpe nicht funktioniert, muss zunächst der Kopf demontiert werden, dann kann der Gummistopfen entweder umgedreht oder ersetzt werden. Manchmal gibt es Probleme mit der Abdichtung des Kolbens, der nach dem Herausschrauben des Stopfens, durch den die Kolbenstange geführt wird, erreichbar ist. Kneten Sie die Dichtung oder schmieren Sie sie ein – wenn dies nichts hilft und keine Ersatzteile erhältlich sind, muss eine neue Luftpumpe gekauft werden.

Fahrradcomputer

Elektronische Fahrradtachometer haben sich in den letzten Jahren erheblich weiterentwickelt, aber dennoch bleiben es fummelige Instrumente. Kontrollieren Sie die Ausrichtung und den Abstand des an den Speichen angebrachten Magnets sowie den an der Gabel sitzenden Abnehmer. Passen Sie auf, dass dessen Kabel nirgends scheuert, und sichern Sie es mit Kabelbindern oder Isolier-Klebeband an mehreren Stellen des Fahrrades. Ersetzen Sie die

18.8 Dichtstopfen und Haltering einer Fahrradluftpumpe (oben).
18.9 Hinter den runden Deckeln dieses Fahrradcomputers sitzen die Batterien (unten).

18.10 Schmieren Sie den Schließmechanismus und den Schlüssel des Schlosses einmal jährlich.

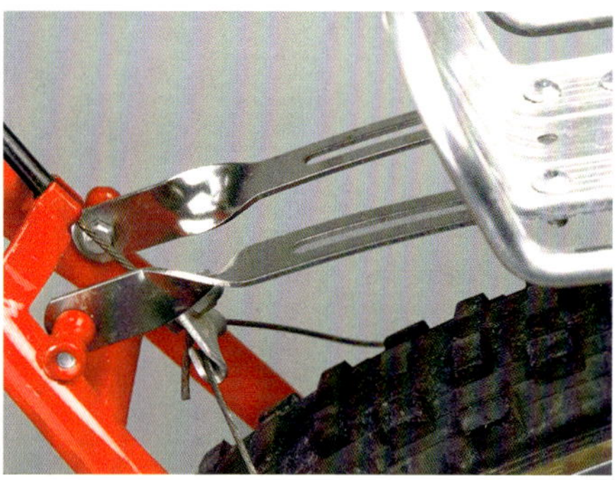

18.11 und 18.12 Gepäckträger – oben am Hardtail und unten an der Sattelstütze eines gefederten Mountainbikes.

Batterie(en), wenn die Anzeige schwach wird, und tauschen Sie einen defekten Computer gegen ein Neuteil aus (wer beim gleichen Hersteller bleibt, kann mit Glück die alte Halterung und den Abnehmer weiterverwenden).

Schloss

Bei diesem leider unerlässlichen Zubehörteil wird kaum Wartung nötig. Der Schließmechanismus sollte ein- oder zweimal jährlich mit Kriechöl eingesprüht werden. Auch der Schlüssel kann mit etwas WD-40 eingesprüht und dann zwei- bis dreimal im Schloss gedreht werden. Mögliche Schlosshalterungen am Rahmen müssen während der monatlichen Inspektion auf ihre Festigkeit überprüft werden.

Gepäckträger

Gepäckhalter gibt es sowohl für Hardtails als auch für Fullies – bei Letzteren müssen sie an der Sattelstütze montiert werden und können kein großes Gewicht aufnehmen.

Die Montage eines konventionellen Gepäckträgers an einen ungefederten Rahmen wird durch bereits angeschweißte (oder eingeschnittene) Gewinde erleichtert, ansonsten muss man sich mit Schellen und anderen Dingen behelfen. Prüfen Sie regelmäßig die Festigkeit des Gepäckträgers, da während der Fahrt abrutschende Ladung zu schweren Stürzen führen kann.

Schutzbleche

Auf nassen Strecken kann ein Spritzschutz sehr nützlich sein, da sowohl das Fahrrad, als auch der Fahrer und sein Hintermann deutlich sauberer bleiben. Je näher ein Spritzschutz dem Reifen ist, desto besser funktioniert er. Sorgen Sie dafür, dass keine Befestigungen locker sind und nichts an den Reifen oder anderen beweglichen Teilen schleift. Beschädigte Schutzbleche müssen ersetzt werden.

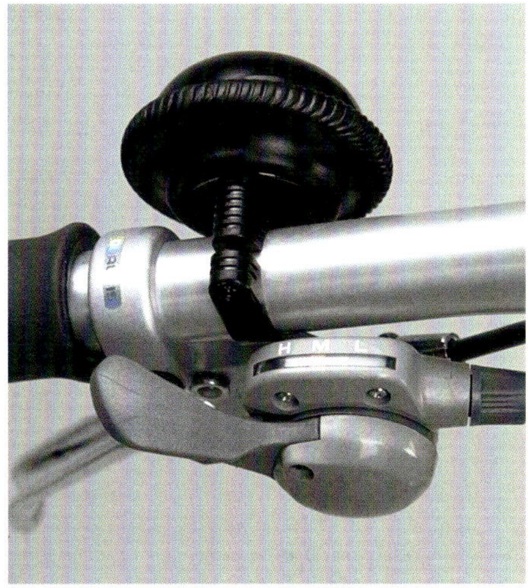

18.13 Eine dezente Klingel ist eine von allen anderen Verkehrsteilnehmern sofort erkennbare Warneinrichtung.

Warnsignale

Um Fußgänger und andere Radfahrer zu warnen, kann man hupen, schreien oder klingeln – bei Letzterem wissen alle, dass man ein Radfahrer ist. Abgesehen davon ist eine Klingel tatsächlich an jedem Fahrrad vorgeschrieben – und wirkt in der freien Wildbahn nicht so deplatziert wie eine Hupe oder ein lauter Schrei. Montieren Sie sie gut erreichbar am Lenker und versehen Sie den Metallmechanismus oder die Feder im Inneren zweimal jährlich mit einem Tropfen Öl.

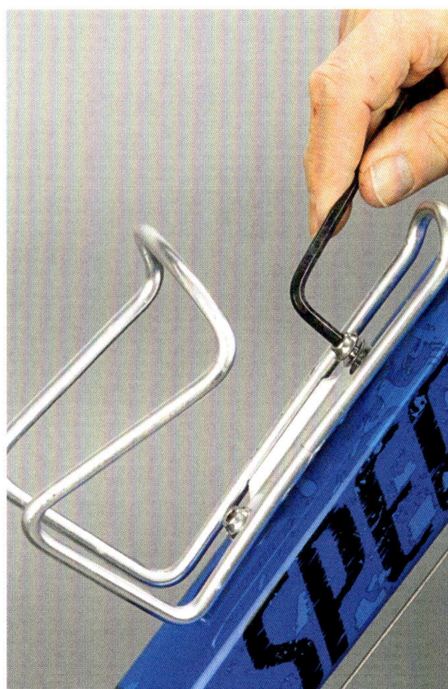

18.14 Montage eines Flaschenhalters.

Flaschenhalter

Trotz der derzeit modernen Rucksack-»Hydrationssysteme« bleibt die gute alte Trinkflasche ein sinnvolles Zubehör. Die meisten Rahmen sind mit M4-Gewinden für Flaschenhalter ausgerüstet, die dort mit möglichst flachen Schrauben befestigt werden.